刘 威 ◎ 著

高校计算机机房管理与维护研究

中国商业出版社

图书在版编目（CIP）数据

高校计算机机房管理与维护研究 / 刘威著. -- 北京：
中国商业出版社, 2023.12
ISBN 978-7-5208-2864-2

Ⅰ.①高… Ⅱ.①刘… Ⅲ.①高等学校—电子计算机
—机房管理—研究 Ⅳ.①TP308

中国国家版本馆CIP数据核字(2023)第246941号

责任编辑：杨善红

中国商业出版社出版发行

（www.zgsycb.com 100053 北京广安门内报国寺1号）

总编室：010-63180647 编辑室：010-83125014

发行部：010-83120835/8286

新华书店经销

定州启航印刷有限公司印刷

*

710毫米×1000毫米 16开 16.5印张 236千字

2023年12月第1版 2024年1月第1次印刷

定价：78.00元

* * * *

（如有印装质量问题可更换）

前　言

随着信息技术的不断进步，计算机机房作为高等教育的重要支柱，承担着教学、科研、数据存储与处理等多重功能。在这样的背景下，对计算机机房的管理与维护尤为重要，直接影响到高校的教学质量和研究成果。但在实际管理过程中，由于设备、软件、网络、安全、能源、人员等多方面的复杂性，很多高校计算机机房的管理与维护面临诸多挑战。

本书的写作背景基于笔者在高校计算机机房管理与维护的多年实践经验和对相关研究的深入了解。在日常工作中，笔者深切感受到高校计算机机房所面临的问题及挑战，同时认识到，通过科学的管理与先进的技术应用，这些问题是可以得到有效解决的。

第一章对计算机机房的基础概念进行探讨，阐述了机房在高校中的不可替代的角色，同时明确了机房环境的标准要求。此外，本章还对机房的基本构成及运行模式进行了详细解读。

第二章深入挖掘了硬件的配置与管理，不仅概述了计算机硬件的基本知识，还对网络设备与存储设备进行了全面解析。同时，对硬件故障的诊断与维护提供了实用策略。

第三章主要聚焦于软件管理，从操作系统的选择与管理到应用软件的配置，对每一部分都做了深入研究。特别是数据库管理系统的应用部分，给出了许多实用技巧。

第四章是关于网络管理的全景描述，包括网络架构的设计与管理，网络安全的关键措施，以及网络故障的迅速响应和解决策略。

第五章从多维度分析了计算机机房的安全问题。不仅对物理安全给予了充分的重视，还对数据和网络安全进行了深入研究，特别是应急预案部分，具有很强的实践指导意义。

第六章主要针对机房的能源管理。从电力供应到冷却系统的细节管理，以及如何提高能源使用效率，都为读者提供了明确的操作建议。

第七章涵盖了人员管理的全过程，包括培训、考核、沟通等各个环节。特别是关于人员协作与沟通的内容，对提高机房管理效率非常有帮助。

第八章聚焦于计算机机房的未来发展趋势，探讨了云计算、大数据、AI 等新技术对机房发展的影响，并对未来的机房技术进行了展望。

总的来说，本书旨在为高校计算机机房的管理与维护提供一份全面、深入、实用的指南。希望通过本书，帮助读者更好地理解和掌握计算机机房的管理与维护技巧，提高设备的运行效率，确保其长期、稳定、安全地运行。

目　录

第一章　计算机机房的重要性与环境

随着计算机信息技术的发展，计算机知识的掌握和应用已成为当代学生知识结构和能力素质的重要组成部分，计算机教学在高等学校教育中的地位越来越重要，而计算机实验教学又是计算机教学的一个重要组成部分。计算机实验室是学生掌握计算机应用能力的主要场所，因此许多高校建立了计算机机房。目前，由于计算机的普及，高校计算机机房的规模也逐渐扩大，规模的扩大给计算机机房管理工作带来了机遇和挑战。只有对计算机机房进行科学管理，才能保证计算机实验教学的顺利进行。

第一节　高校计算机机房的重要性

高校计算机机房在当今的教育体系中已经成为一个不可或缺的部分。它的存在不仅为学生提供了学习和实践计算机科学的场所，还推动了学生整体素质的提升。随着信息时代的发展，计算机技术渗透到了生活的方方面面，使应用型、实用型人才的培养变得至关重要。实践教学作为教育改革的重要组成部分，在整个课程体系、教学内容、教学方法和教学手段的改革中占据了核心地位。计算机机房作为上机实践的主要场所，对于学生未来能够顺利融入社会，成为一名有用之才有着深远的影响。

计算机机房的功能并不局限于计算机科学的学习和实践。实际上，随着计算机技术的广泛应用，各学科都与计算机技术紧密相连。从工程学到社会科学，从医学到艺术，几乎没有哪一个领域是完全独立于计算机技术的。因此，高校需要把计算机技术在各学科的应用作为一项战略任务来抓。这不仅能充分发挥计算机机房在人才、资源、信息方面的优势，还可以为其他专业学科的建设创造更加有利的条件。

随着教育手段的改革和多媒体教学的推广，计算机机房的作用也日益凸显。计算机辅助教学组件的开发与应用，可以为教育带来前所未有的便捷和效率。同时，先进的硬件资源、网络资源和人才优势，为科技开发和社会服务提供了坚实的物质基础。这些条件使学校师生有更多的机会满足科研需求和提高操作能力。

计算机机房还能促进学校与社会的紧密联系。借助其先进的技术和人才优势，学校可以承接社会上的一些开发项目，开发各种应用软件，为社会的进步和发展贡献力量。

从人才培养到跨学科影响，从多媒体教学到社会服务，高校计算机机房在教育和社会的各个方面都起到了不可估量的作用。它不仅是高等教育的重要组成部分，更是推动科学研究、科技开发和社会进步的重要力量。随着时代的不断发展，计算机机房的地位和作用也将不断上升，成为现代教育体系中不可或缺的一环。

高校计算机机房的重要性主要表现在以下几个方面。

一、教学应用

在现代高等教育中，计算机机房起到了至关重要的作用。作为实践教学活动的核心场所，计算机机房不仅为学生提供了一个深入学习和实践的空间，也为教师提供了一系列高效的教学工具。计算机机房为各学科提供了强大的技术支撑。无论是基础的计算机课程，还是与特定专业紧密相关的技术实训，机房都为学生创造了一个模拟实际工作环境的实践平台。在这里，学生可以运用所学知识，完成各种实验和项目，进而深化对理论知识的理解。教师则可以通过计算机机房的先进设备，将传统的教学方式转化为更具交互性和实践性的教学。例如，多媒体教学方法能够使得课堂内容更为生动形象，从而激发学生的学习兴趣。同时，模拟软件的应用可以为学生模拟真实的工作场景，帮助他们更好地掌握复杂的专业知识。除此之外，计算机机房还能够为课程设计和毕业设计提供技术保障。学生可以在机房中自由探索、创新，并得到教师的及时指导和反馈。综合来看，计算机机房在教学应用中的地位不可替代。它不仅丰富了教学方法，增强了学生的实践能力，还为高等教育培养了一大批具有实际操作经验和技能的人才。

二、科研支持

高校计算机机房不仅是学术研究的重要基地，对于研究人员来说，它也是不可或缺的资源。科研工作通常需要大量的数据分析、模型模拟和复杂的算法验证，而计算机机房所提供的技术设施和硬件资源，为这些研究提供了重要的支持。

在众多学科中，科学研究往往需要大量的计算资源。无论是生物学中的基因测序，还是物理学中的粒子模拟，抑或是社会科学中的大数据分析，计算机的应用已经深入各个领域。计算机机房作为这些研究的核心平台，为研究人员提供了强大的计算能力，以支持他们的研究工作。

随着科技的进步，越来越多的学术研究需要依赖先进的计算机技术，如人工智能、深度学习和神经网络。这些技术的发展也使得人们对高性能计算机的需求增加。而高校计算机机房，拥有先进的服务器和高速网络，成了这类研究的基石。研究人员可以在此利用高性能计算机进行算法开发、模型验证和数据处理。

计算机机房还为科研人员提供了一个交流和合作的平台。在这里，研究生、博士生和教授们可以共同探讨研究方向，分享研究成果，并进行跨学科合作。这种交流与合作，不仅加速了研究进程，也促进了学术创新。

计算机机房还有一个不可忽视的部分，那就是数据存储和备份。科研工作产生的数据通常非常多，而且这些数据的安全性和完整性对于研究来说至关重要。计算机机房拥有大量的存储设备，可以确保数据的安全储存。同时，通过定期备份和恢复测试，确保数据的可靠性和完整性。

计算机机房在科研中的应用不仅仅局限于技术支持。随着科学研究方法的创新，更多的实验和研究开始采用计算机模拟的方式进行。这种方法不仅节省了时间和资源，还能够在无法实际操作的情况下，模拟各种复杂的实验条件。这为科学家打开了一扇新的研究之窗，使他们能够在理论和实践之间找到更为合适的平衡。

三、信息化发展的核心

高校计算机机房已经成为现代教育信息化发展的核心所在。在信息技术飞速发展的今天，教育的形态也正在经历着前所未有的变革。而位于这一变革中心的，无疑是那些先进的计算机设备和网络系统，它们为教育提供了无与伦比的便利和广阔的空间。

教育信息化不仅改变了教学方式，也使得知识传播和学术交流更为广泛和频繁。计算机机房，作为高校内部最为重要的信息中心，承担了信息技术在教育领域应用的关键任务。从最基本的网络服务到复杂的数据分析，从简单的在线教学到复杂的虚拟实验室，所有这些都在计算机机房中得以实现。

信息技术使得教育资源的共享成为可能。在传统的教学模式中，教材、实验设备和教学资源往往受限于地域和经费。而如今，借助于计算机机房的强大功能，学生无论身处何地，都可以查看到全球范围内的教育资源。这极大地拓宽了知识的来源，使得学习变得更加自由和灵活。

除此之外，计算机机房还推动了教育的个性化发展。在过去，由于教育资源的有限，学生往往只能接受固定和统一的教学内容。但在现代，每个学生都可以根据自己的兴趣和需求，选择合适的学习路径。计算机机房提供的数据分析工具，可以帮助教育者更好地了解学生的需求，从而为他们提供更为合适的教学内容和方法。

信息技术还为教育带来了更多的互动和合作的机会。传统的教学模式往往是单向的，教师传授知识，学生被动接受。而在计算机机房的支持下，学生和教师之间的关系变得更加平等。他们可以共同探讨、合作完成任务，甚至可以跨越国界，与全球的学者进行深入的交流。

计算机机房在教育信息化中所起到的作用，远不止于此。它还为教育者提供了大量的工具和平台，帮助他们更好地开展研究和创新。例如，虚拟实验室可以模拟真实的实验环境，帮助学生进行实践和探索；而数据挖掘技术，则可以帮助教育者发现教学中的问题，从而不断优化教学方法。

四、对外交流与合作

在全球化浪潮中，高校计算机机房在对外交流与合作方面起到了举足轻重的作用。过去，学术交流多依赖实地考察、学术会议或书信往来，但如今，数字技术和网络通信的高速发展为高校带来了前所未有的交流机会，使学术壁垒日益消融，合作愈加紧密。

高校计算机机房是这场全球学术盛宴的重要场所，它为教师、学者提供了与世界各地同行交流的平台。通过高速的网络连接，学者可以随时随地参与国际学术研讨，无须跋山涉水，便能与国外同行分享研究成果，讨论学术前沿问题。同时，计算机机房为跨国学术项目提供了坚实的技术支撑。多国合作的研究项目中，数据共享、在线研讨、远程实验等都成为常态。例如，当某国学者进行实验时，另一国的专家可以通过视频连接实时观察，并提出建议或修改方案。这种即时的反馈大大提高了研究的效率和质量。

不仅如此，计算机机房也促进了文化交流和人文合作。许多高校通过机房设施，开展线上文化交流活动，如在线音乐会、艺术展览、文学研讨等。这些活动让学生在自己的校园内，就能体验到异国文化的魅力，拓宽了他们的国际视野。

高校计算机机房还成为高校的外语教学中心。与外国语言学校或教师建立合作关系，通过视频教学、在线互动等方式，为学生提供真实的外语环境。这不仅能帮助学生提高语言能力，更使他们在与外国人交流中，学会跨文化沟通的技巧，为今后的国际合作奠定坚实基础。

高校计算机机房也为高校与企业、政府、非政府组织等建立了桥梁。这些组织通过机房资源，与高校开展各种形式的合作，如共同研究、技术转移、人才培养等。这种跨界合作，不仅为双方带来了实际利益，更推进了学术与实践、理论与实际的深度融合。

值得一提的是，高校计算机机房在推动国际教育合作中也扮演了不可或缺的角色。许多高校通过机房资源，与海外高校建立姊妹校关系，共同开展双学位、交换生、共同培养等项目。学生在这些项目中，不仅能够获得丰富的学术知识，更能培养出全球化的视野和跨文化的沟通能力。

第二节　计算机机房的环境要求

高校计算机机房，作为信息技术和教学研究的核心设施，其环境条件直接关系到设备的稳定运行和数据的安全性。从气温调控到电源稳定，从防尘到抗静电，机房的环境要求不仅保障了硬件的长寿命，也确保了学术研究与数据处理的连续性与高效性。这一节将深入探讨这些关键的环境因素，强调它们在确保机房高效运转中的重要性。

计算机机房环境不仅关系到机房设备的正常运行，还影响到机房工作人员的身心健康，比如空调漏水，可能会触及线路引发电气安全事故；而且待在遍地是水的环境里，机房工作人员也不舒心。那么计算机机房对环境有什么要求呢？

一、温度与湿度控制

高校计算机机房作为信息技术的中心，承载着大量的计算任务和数据处理功能。其中，温度与湿度的控制对于确保计算机设备稳定运行，延长设备使用寿命，及确保数据安全性至关重要。

在机房内，热量来自太阳辐射热、人工照明、人体体热及计算机等机房设备，其中计算机等机房设备运行中产生的热量非常大，是机房中的主要热源。计算机机房中的设备，尤其是服务器，会在运行过程中产生大量的热量。过高的温度会对计算机硬件造成严重的损害，可能导致硬件过早失效，甚至有可能引发火灾。因此，确保机房内的温度维持在一个理想的范围内是至关重要的。冷却系统如空调等在此起到了关键作用。不仅如此，高效的冷却还能确保设备在最佳状态下工作，避免因过热导致的性能降低或系统崩溃。计算机等机房设备多为精密电子设备，多由各种集成电路电子元器件等组成，其性能、工作特性和可靠性都受环境温度的影响。当环境温度过高时，会使集成电路及电子元器件内的电子、空穴载流子的扩散与漂移运动加剧。穿透电流和电流倍数增大，导致设备进一步升温，如此循环最终引起热击穿而使设备损坏。据实验得知，当室温在规定范围内每增加 $10\,^\circ\!C$，设备的可靠性就降低 25%，当元器件周围温度高于 $60\,^\circ\!C$ 时，将引起计算机设备故障。过高、过低的温度还会产生如下不良影响：使磁盘等受热膨胀而出现记录错误，使设备的绝缘性能下降或产生接触故障；导致温度变化而产生结露或静电现象；机房工作人员身心健康状态及工作效率下降，如果机房温度急剧交替变化则影响更大。

过高、过低的温度都将影响设备的运行状态及人员的工作状态，为保证机房设备的正常运行，机房内应保持一个适当并相对恒定的室温。但需注意的是机房温度标准设定并非越高越好，过高的标准会造成有限资源与资金的浪费。因此，各类机房环境温度应根据机房设备的特性与要求来设定，以求取得最佳效果与经济效益。

开机时和停机时对室温的要求参见表 1-1 和表 1-2。

表 1-1　开机时对机房室温的要求

指标级别 项目	A级		B级	C级
	夏季	冬季		
温度	22±2℃	20±2℃	15～30℃	10～35℃
温度变化率	<5（℃/h） 要不结露		<10（℃/h） 要不结露	<15（℃/h） 要不结露

表 1-2　停机时对机房室温的要求

指标级别 项目	A级	B级	C级
温度	5～35℃	5～35℃	10～40℃
温度变化率	<5（℃/h） 要不结露	<10（℃/h） 要不结露	<15（℃/h） 要不结露

对于机房室温的调控一般都是采用空调设备，不同类型的机房对采用的空调要求也不尽相同，如巨型机机房需使用专用精密空调，而中小型机房采用普通空调一般即可满足要求。除使用空调调节室温，在设计机房时应注意如下几项。

（1）机房设置在楼房内，应尽量避免将机房放在顶层，最好放在1～3层，其中以2～3层最为理想，如此可将太阳辐射热的影响减至最低程度。

（2）在设计机房照明时应采用高效冷光灯具，以达到节能与降低热量的目的。在放置机房设备时，应尽量将稳压电源等运行时产生较高热量的外围设备与计算机分室放置。

除室温外，机房湿度也是影响计算机等设备连续可靠运行的因素之一。太高的湿度会增加电路板上凝结水滴的风险，导致短路甚至损坏设备。相反，太低的湿度可能会增加静电的产生，静电在计算机硬件中可能导致数据丢失或硬件损坏。因此，维持适中的湿度是确保计算机设备正常运行的关键。当机房室内相对湿度超过65%时，会在元器件表面附着一层0.001～0.01μm厚的水膜，当空气相对湿度达到饱和时，水膜厚度可达10μm。这种水膜可导致"导电电路"与"飞弧"的出现，造成集成电路的逻辑判断错误。当室内相对湿度达到80%时，会导致纸张变厚变软、强度降低、易于破损和在打印机中产生卡纸现象。过高的湿度还会使磁盘等外围设备的磁头运转速度与磁性媒体的导磁性下降，导致读写数据错误等。当室内湿度过高时还会在设备表面及内部形成结露，而结露可导致设备电路短路与接触故障。关于机房湿度的规定见表1-3。

表1-3 关于机房湿度的规定

指标级别 项目	A级		B级		C级	
	开机时	停机时	开机时	停机时	开机时	停机时
相对湿度	45%～65%	40%～70%	40%～70%	20%～80%	30%～80%	8%～80%

当室内湿度过低时会使部分元器件、纸质及磁质媒体等卷曲变形，导致数据丢失、计算错误、使用寿命缩短等。同时，室内相对湿度过低也会使电气绝缘材料的电气性能改变，绝缘性能降低。低湿度的另一危

害是在干燥环境下易产生静电，而静电不但能导致计算机设备的运行故障，而且直接影响到机房工作人员的心理状态和身体健康，使工作效率下降。对于静电的具体危害将在后面详述。

综上所述，机房的相对湿度无论过高、过低都会给机房设备的正常运行以及机房工作人员的身心健康带来不良影响，而且低湿度的危害性远高于高湿度的危害性。如处于高温高湿、低温低湿频繁交替变化的环境中对计算机设备的危害则尤为严重。因而必须严格控制机房的湿度及变化范围。

为了实现有效的温度与湿度控制，许多机房采用了先进的环境监控系统。这些系统可以实时监测机房的温度和湿度，并与冷却系统相连接，自动调整机房内的环境条件。例如，当监控系统检测到机房内温度过高时，它会自动增加冷却系统的运行频率，确保温度迅速降低至适宜温度。

为了防止湿度突然变化对计算机设备造成的潜在危害，许多机房还配备了除湿机。这些除湿机可以在湿度超出安全范围时自动启动，以维持适中的湿度。防止机房空气过湿过干的措施较为简单，因为影响机房相对湿度的主要因素是机房室内温度，所以控湿主要是通过控温来实现的。另外，对于环境空气相对湿度较高或较低地区的机房还可使用空气除湿器等设备作为控湿设备。

但仅仅依靠机械设备并不足够，定期对机房进行检查，确保所有的冷却和除湿设备都处于良好的工作状态，也是非常重要的。同时，对机房工作人员进行培训，确保他们了解温度和湿度对计算机设备的影响，以及在紧急情况下如何手动调整环境控制设备。

二、电气安全性

在高校计算机机房的日常管理中，电气安全性占据了一个不可替代的位置。任何轻微的疏忽都可能导致设备损坏、数据丢失，甚至人员受伤，因此确保电气安全性是机房管理的一项核心任务。

计算机机房依赖电力驱动其所有操作。从服务器到存储设备，再到冷却系统，每一部分都需要稳定、持续的电源保障其正常运作。因此，为机房提供一个稳定、可靠的电源系统是至关重要的。使用不间断电源（uninterruptible power supply，UPS）和备用发电机是常见的做法，它们确保在公共电网出现问题时，机房仍然能维持正常运行。

但是电力供应的稳定性只是电气安全的一个方面。对于机房内的电气设备和线路的维护也是至关重要的。过期或破损的电缆可能会引发火灾，因此定期检查并替换这些线路是必要的。而且，线路的布局也需要考虑，避免过度弯曲或受压，这样可以减少线路损坏的风险。

接地是另一个关键的电气安全措施。一个良好的接地系统可以确保电流的正确流动，并在出现问题时为电流提供一个安全的出路，从而避免可能的电气火灾或设备损坏。在此基础上，使用接地的电源插座和确保设备的正确接地是至关重要的。

保护设备免受电涌和电压波动的伤害也是电气安全的一部分。电压调节器和浪涌保护器可以在电源中出现突然的电压变化时，防止设备受到损害。

对于机房工作人员的培训也不容忽视。他们需要知道如何安全地操作和维护机房内的电气设备。这意味着，他们应该知道如何识别和处理潜在的电气危险，如何正确断开电源，以及在紧急情况下如何使用消防设备。

电气事故的后果可能是灾难性的，不仅可能导致设备损坏和数据丢失，而且还可能危及人员的生命安全。因此，定期进行电气安全检查和培训，确保所有的电气系统和设备都按照最高的标准进行维护和操作，是每个计算机机房管理者的基本职责。

三、空气质量

计算机机房中的空气质量与设备的正常运行、数据的稳定保存以及员工的工作环境密切相关。机房内部的许多设备在运行时会产生大量的热量，如果不加以控制，这种热量会导致机房温度急剧上升，对设备造成损害，影响其性能和寿命。因此，确保机房内的空气质量达到适当标准是机房管理中的重要任务。

机房中的通风是确保空气质量的关键环节。良好的通风系统不仅能够有效排放设备产生的热量，还可以确保外部的新鲜空气不断流入机房，稀释机房内的有害气体和微粒，降低设备的温度，提供一个适宜的工作环境。

尘埃和颗粒物对于计算机机房而言是一个不容忽视的问题。这些微小的颗粒可能会进入设备的散热系统，堵塞散热风扇，从而影响设备的冷却效果。长时间积累下来，尘埃和颗粒物可能导致设备过热，影响其性能，甚至导致设备损坏。因此，机房应装备高效的空气过滤系统，并定期进行维护和清洁，以减少尘埃和颗粒物的危害。

作为人员、设备相对集中活动、运行的机房，无论采用何种建筑结构，其灰尘都是无法避免的。机房灰尘的主要来源有以下几种。

（1）机房的墙壁、顶棚、地面等部位材料起尘，表面涂层脱落产生灰尘。

（2）空气调节系统的供风、空调系统在给室内输送新鲜空气时，由于过滤装置精度不足使灰尘进入机房。

（3）机房设备运转时滑动、摩擦部位及部分部件产生灰尘。设备在搬运移动、维修维护过程中产生灰尘。

（4）操作人员进入机房时将外界灰尘带入机房，操作人员工作过程中产生的灰尘，操作人员人体体屑脱落产生的灰尘。

（5）由于其他机房围护结构不严密、室内正压值下降，外界污染空气由缝隙等侵入机房所带来的灰尘。

　　灰尘对计算机设备的正常运转影响很大，对精密设备及接插件的影响尤为严重。计算机的硬盘是最怕灰尘的部件，其上若积聚大量灰尘，会导致硬盘无法正常工作。

　　除了尘埃和颗粒物，机房还需要注意其他的空气污染物。例如，一些化学气体和挥发性有机化合物可能会从建筑材料、清洁剂或其他源头释放出来。这些气体可能对设备和员工的健康产生不良影响，因此，定期对机房的空气进行检测，并采取必要的措施来减少污染是非常必要的。

　　机房的空气湿度也是一个关键因素。过高的湿度可能会导致设备上形成冷凝水，从而引发短路或其他电气问题。而过低的湿度可能会增加静电的产生，对敏感的电子设备造成损害。因此，机房应配备有湿度监控和调节设备，确保湿度保持在一个适当的范围内。

　　为了确保员工在机房内能够正常工作，还需要确保机房内的氧气含量适中，并控制有害气体的浓度。在特定情况下，如当机房采用气体灭火系统时，需要特别注意气体的释放，确保员工的安全。

四、防灾系统

　　计算机机房是集中存储和处理大量数据的地方，其稳定运行对于高校的教学和科研工作至关重要。为此，建立和维护有效的防灾系统不仅能够确保数据的完整性和安全性，还可以最大限度地减少由于灾害引发的经济损失和业务中断。

　　电线短路、设备过热或其他意外因素都可能引发火灾。为了预防火灾，机房应装配自动火灾检测系统，如烟雾探测器、温度传感器等。一旦探测到火灾的迹象，这些系统会立即发出警报，确保有足够的时间进行疏散和应急处理。此外，机房还需配备自动灭火系统，如气体灭火器或细水雾灭火系统，它们可以在短时间内扑灭初期火焰，防止火势蔓延。

水灾对于计算机机房同样具有巨大的威胁。水分可能由于雨水渗漏、空调系统故障或其他原因进入机房，导致设备损坏和数据丢失。因此，机房的地板设计应该考虑到排水问题，确保积水可以迅速排出。同时，机房也需安装水位探测器，以便在水分入侵时及时发出警报。

地震、台风等自然灾害对计算机机房也构成威胁。为了应对这些不可预测的情况，机房的建筑设计应具备一定的抗震性和防风性，确保在灾害发生时可以提供足够的保护。此外，备用电源系统如 UPS 和发电机也是防灾系统的重要组成部分，它们能够在公共电网中断时为机房提供持续的电力供应，确保数据的连续性和完整性。

对于计算机机房来说，数据是最宝贵的资产。为了防范由于灾害导致的数据丢失，定期备份是至关重要的。通过将数据备份到远程地点或云存储中，即使机房受到重大损害，也可以迅速恢复业务运行。

除了上述设备，培训和教育也是防灾系统的重要组成部分。机房员工应接受定期的培训，了解如何在灾害发生时采取正确的行动、如何使用灭火器、如何进行紧急疏散等。此外，制订和经常演练应急预案也是确保机房在灾害发生时能够迅速、有效应对的关键。

为计算机机房建立和维护一套完善的防灾系统是确保数据安全、保障业务连续性和降低经济损失的基石。通过综合考虑各种可能的灾害情境，并采取相应的预防和应对措施，可以最大限度地降低灾害对机房的影响。

第三节　计算机机房的基本构成

计算机机房作为现代高校的信息技术中枢，是实现数字化教学、科研和管理的关键设施。其基本构成不仅涉及硬件设备，如服务器、存储设备和网络设备，还包括支持这些硬件运行的各种辅助设施和管理系统。

为了确保机房的稳定、高效和安全运行，了解其基本构成并掌握其工作原理和配置要求是至关重要的。本节将深入探讨计算机机房的主要组成部分，解析它们的功能、特点和相互关系，为读者提供一个全面的认知框架。

计算机机房作为现代信息化基础设施的核心环节，具有复杂和多样的构成。这些构成元素不仅与计算机设备的类型和规模有关，还受到计算机系统任务、工作性质和工作量等多个因素的影响。从主机房到基本工作间，再到各类辅助房间，每一个部分都有其特定的功能和设计要求。

关于计算机设备的分类，尽管电气与电子工程师学会（institute of electrical and electronics engineers，IEEE）在 1989 年将其分为六种类型，包括个人计算机、工作站、小型计算机、大型计算机、小巨型计算机和巨型计算机，但实际上这些分类界限并不固定。由于集成电路和计算机系统结构技术不断发展，计算机设备的规模和性能也在持续改变。例如，在 20 世纪 60 年代，一台大型计算机可能需要占据一个大型机房，而如今，一台 64 位台式电脑就能完成相同规模的任务，但只需要很小的空间。

设计计算机机房时，除了需要考虑硬件配置和设备类型，还需要综合评估计算机系统的任务和工作量，以及机房所需的辅助设施和管理体制。这些因素将共同影响机房的总体布局和组成方案。例如，如果计算机系统主要用于高性能计算和大数据分析，那么可能需要更多的存储和处理设备，以及更为复杂的冷却和电源系统。相反，如果主要用于日常的办公和数据存储，那么设备和系统的需求将相对简单，但可能更注重网络安全和数据备份。

一、服务器与终端设备

计算机机房的核心是服务器和终端设备。这些设备作为计算机机房的主要硬件组件，承担着信息处理、存储和传输的重任。为了确保高校的日常教学、科研和行政工作的顺利进行，机房中的这些设备必须保持高效率和稳定性。

服务器是计算机机房中最关键的设备，承担着大量的数据处理和存储任务。根据功能和应用场景，服务器可以分为多种类型，如文件服务器、应用服务器、数据库服务器和邮件服务器等。不同的服务器有其特定的配置和运行要求，如处理器的速度、内存的大小以及存储容量。除此之外，为了确保数据的安全和完整，许多服务器还配备了冗余电源、多硬盘阵列和备份系统。这些高级功能使服务器在面对硬件故障时仍能保持运行，确保数据不会丢失或损坏。

终端设备，通常是个人计算机或工作站，为用户提供了直接与服务器交互的界面。这些设备可能位于机房内，也可能分布在高校的各个教室、实验室和办公室。终端设备的主要任务是为用户提供应用程序的运行环境，使他们能够进行文档编辑、数据查询、在线学习等各种工作。与服务器相比，终端设备的配置通常较为简单，但其稳定性和安全性同样不可忽视。因为它们直接面向用户，任何故障或安全隐患都可能对用户的工作产生直接影响。

服务器与终端的连接方式和传输协议也是值得关注的重要方面。高速和稳定的网络连接确保了数据在服务器和终端之间的流畅传输。为了实现这一点，计算机机房通常使用高品质的网络交换机和路由器，以及标准化的网络协议和地址管理系统。

仅仅拥有高性能的服务器和终端设备并不足以确保计算机机房的稳定运行，良好的维护和管理策略同样关键，定期的硬件检查、软件更新和数据备份是维持服务器和终端高效运行的必要步骤。同时，为了应对意外情况，如设备故障或安全事件，计算机机房还需要制订应急响应计划和恢复策略。

服务器和终端是计算机机房的基石，它们的性能和稳定性直接关系到整个机房的运行质量。而为了确保这两类设备的高效运行，除了高品质的硬件和网络配置，还需要科学合理的管理和维护策略。

二、网络设备

计算机机房的稳定、高效运行离不开一套完善的网络设备体系。正是通过这些网络设备，高校的计算机机房能够为全校师生提供快速、稳定的数据传输服务，确保教学、科研等各项工作的顺畅进行。网络设备，作为计算机机房的重要组成部分，扮演着沟通服务器、终端设备以及外部网络的桥梁角色。

当谈到网络设备，通常首先想到的是交换机和路由器。交换机主要用于连接机房内的设备，确保数据在局域网内的高速传输。它能够根据数据包的地址信息，智能地将数据转发到目标设备，从而大大提高网络的传输效率。路由器则主要用于连接外部网络，如互联网或其他机构的网络。它能够根据预设的路由策略，将数据正确地转发到目的地，还负责管理网络的地址信息和流量控制。

除了交换机和路由器，还有许多其他类型的网络设备在计算机机房中发挥着重要作用。例如，防火墙用于保护内部网络免受外部攻击，确保数据的安全；负载均衡器用于分摊服务器的工作负荷，提高服务的响应速度；还有各种网络监控设备，如流量分析器、协议分析器等，它们用于检测和诊断网络问题，帮助管理员及时发现并解决各种网络故障。

为了确保网络设备的高效运行，还需要进行严格的管理和维护，如设备的日常检查、软件的定期更新、配置的优化等。在网络的规划和设计阶段，还需要考虑到未来的扩展需求，为网络的发展预留足够的空间和资源。

网络设备的配置和管理也是计算机机房工作的重要部分。为了确保数据的高速传输和网络的稳定运行，需要对网络设备进行精细的配置，如互联网协议地址（internet protocol address，IP 地址）的分配、路由策略的设置、流量控制的策略等。同时，为了防止网络攻击和数据泄露，还需要进行严格的安全配置，如设置防火墙规则、虚拟专用网络（virtual private network，VPN）隧道、访问控制列表等。

网络设备并不仅仅是一堆硬件。在背后，支撑它们正常工作的是一套复杂的软件系统，如设备的操作系统、管理软件、监控工具等。它们为网络管理员提供了强大的工具，帮助他们进行设备的配置、管理、监控和故障诊断。

网络设备是计算机机房不可或缺的一部分，它们确保了数据的快速、稳定传输，还提供了强大的网络管理和监控功能。而为了确保网络设备的高效、稳定运行，除了优质的硬件和软件，还需要一套科学、合理的管理和维护策略。

三、存储设备

计算机机房中，存储设备的重要性难以言表。在高校中，存储设备承担着保存大量教学、科研数据的责任，无论是学生的课程设计，还是教师的研究项目，它们都依赖存储设备的安全、稳定和高效。

存储设备不仅仅是机械硬盘或者固态硬盘（solid state disk，SSD）这些简单的硬件，更是涉及多种存储技术和解决方案的整体系统。其中，最常见的存储方式就是直接附加存储（direct attached storage，DAS），这种方式直接将存储设备连接到服务器或个人计算机上。因为 DAS 简单、成本低，其扩展性和灵活性有限，所以更多地用于小规模的存储需求。

而在规模较大的计算机机房中，网络附接存储（network attached storage，NAS）和存储区域网（storage area network，SAN）更为常见。NAS 是一种专门的文件存储服务器，它通过网络提供数据存储和共享服务，其特点是简单、易于管理，并支持多种文件系统和协议。SAN 则是一个专用的高速网络，连接存储设备和服务器，它支持大量数据的高速传输和访问，特别适用于大数据、数据库和关键应用程序的存储。

随着数据量的不断增加，存储技术也在不断进化。今天，越来越多的机构选择使用对象存储、分布式存储和软件定义存储等先进技术。这些技术能够提供更好的扩展性、灵活性和成本效益，满足大规模数据存储和处理的需求。

但仅仅具有合适的存储技术和设备并不够，数据的安全和完整性也是存储管理中的重要考虑因素。为了防止数据丢失、损坏或被非法访问，需要采取多种安全措施。例如，数据备份和恢复策略可以确保在数据丢失或损坏时，能够迅速恢复数据；而加密技术则可以确保数据的隐私和安全，防止非法访问和泄露。

存储设备的性能优化和管理也是一个不容忽视的领域。通过合理的数据布局、输入输出（input/output，I/O）调度和缓存策略，可以大大提高存储设备的访问速度和响应时间。而通过监控和分析工具，可以实时监控存储设备的状态和性能，及时发现和解决潜在的问题。

在高校计算机机房中，存储设备的管理和维护是一项复杂、专业的任务。它不仅涉及存储技术和设备的选择，还涉及数据的安全、性能优化、故障恢复等多个方面。而为了确保存储设备的高效、稳定运行，还需要一套科学、合理的管理和维护策略。

四、安全设备

计算机机房的安全设备对于保障整个运行环境的稳定性和数据的安全性有着至关重要的作用。在高校这样的特定环境中，由于计算机机房保存着教学、研究、行政管理等多种重要数据，这使得安全问题尤为突出。

物理安全设备是基础，包括视频监控、入侵检测、门禁系统等。视频监控不仅可以实时监测机房内部和外部的情况，而且可以为后续的审计和事故调查提供有力的证据。入侵检测系统则用于探测任何未经授权的入侵行为，如非法开门、窗户破碎等。门禁系统确保只有经过授权的人员可以进入计算机机房，从而有效避免外部威胁。

除了物理安全外，网络安全设备同样至关重要。防火墙是最常见的网络安全设备，它可以阻止或允许数据包根据预定义的安全策略进入或离开网络。高级的下一代防火墙还具有入侵预防、应用控制、统一资源定位符（uniform resource locator，URL）过滤等功能，能够深度检测和拦截恶意流量。

另一个关键的安全设备是入侵检测系统（intrusion detection system，IDS）和入侵预防系统（intrusion prevention system，IPS）。它们用于监测网络流量以寻找可疑或恶意活动的迹象，并可以自动采取预定的响应行动，如阻止攻击、发出警报等。这为机房提供了一个更为深层次的防御层。

随着网络攻击的不断升级和演变，恶意软件、勒索软件和分散式拒绝服务攻击等越来越多地威胁到机房的安全。为此，安全设备也需要持续升级和更新。例如，沙盒技术能够在隔离的环境中运行和分析可疑文件，从而有效检测新型和未知的恶意软件。

虽然各种安全设备能够大大提高机房的安全性，但是一个真正有效的安全策略应当是多层次、多维度的，既包括技术措施，又包括管理和教育。定期的安全审计、漏洞扫描和渗透测试能够帮助机房及时发现和修复安全风险。而通过培训和教育，可以提高员工和学生的安全意识，使他们成为防御网络攻击的第一道屏障。

第四节　计算机机房的运行模式

计算机机房的运行模式关系到整体的效率、可靠性和安全性。随着技术的不断发展，机房的管理和维护也日趋复杂，需要采用不同的运行模式以适应各种需求和挑战。运行模式涉及资源分配、服务提供、维护策略和安全管理等多个方面，是确保机房持续、稳定、高效运行的关键。

一、集中式运行

在高校环境中，集中式计算机机房运行模式有着显著的优势和应用价值。这种模式以一台或多台高性能的主计算机作为中心节点，将所有数据和业务逻辑集中于此存储和处理。这样的部署方式不仅极大地简化了系统结构，还实现了资源的优化利用，避免了分布式系统中多节点协作带来的复杂性。

集中式模式下，主计算机担当着数据存储和业务逻辑处理的重任，而各个终端或客户端主要负责数据的录入和输出。这种清晰的角色划分使得系统管理更为简便，降低了运维的复杂性和成本。同时，由于所有的数据和业务逻辑都集中在主计算机上，数据的一致性和安全性也得到了有力的保障。

集中式系统往往基于底层性能卓越的大型主机，这使得系统具有很高的处理能力和可靠性。大型主机一般具备出色的冗余设计和故障恢复机制，即使面临硬件故障或其他突发情况，也能快速地恢复正常运行，确保数据和服务的连续性。这一点对于高校这种需要稳定、高效运行的环境尤为重要。

集中式运行在计算机机房的日常管理中占有重要地位，尤其是在大型机构和企业中。这种运行模式主张将所有的硬件、软件和网络资源集中在一个地点，从而实现集中管理、维护和控制。

集中式的模式有其独特的优势。最显而易见的是对资源的高效利用。当所有的服务器、存储和网络设备都位于同一地点时，信息技术（information technology，IT）团队可以更容易地监控和管理这些设备。例如，统一的硬件和软件更新、备份策略、安全策略可以轻松地在整个机房中实施。此外，当需要进行紧急维护或故障恢复时，集中式结构确保了迅速、及时的响应。

集中式运行可以带来显著的经济效益。由于硬件和软件资源的集中，因此可以大规模购买，从而获得更好的价格和优惠。同时，维护成本也大大降低，因为只需维护一个地点的设备。

集中式模式最大的问题可能是单点故障的风险。当所有资源都集中在一个地方时，任何对这个中心的攻击或故障都可能导致整个系统的瘫痪。因此，备份策略和灾难恢复计划在这种模式中尤为重要。随着组织的扩展和发展，集中式结构可能会面临扩展性问题。当数据和流量增长到一定程度时，单一的中心可能会遭遇瓶颈，影响性能。在这种情况下，需要考虑采用分布式的结构。地理位置的限制也是一个问题。对于跨国公司或有多个办公地点的大型机构来说，集中式结构可能会导致数据传输延迟，从而影响用户体验和生产力。

尽管集中式运行有其挑战，但其明确的优势仍使其在许多场景中成为首选。关键是，组织需要权衡其特定需求和情况，选择最适合自己的运行模式。对于那些寻求简化 IT 管理、降低成本并提高资源利用率的组织来说，集中式模式无疑是一个最佳的选择。

二、分散式运行

高校计算机机房的分散式运行模式是一种网络架构，它将数据和应用程序分布在多个物理或虚拟服务器上，而不是集中在单一的中心服务器上。这种模式允许各个服务器或机柜独立运行和管理，实现各自功能模块的自主性，从而提高了系统的灵活性和可扩展性。

在分散式模式中，各个机柜或服务器都有自己的管理系统和数据存储，这样做的优势在于可以降低单点故障的风险。如果某一个服务器或机柜发生故障，不会影响到其他服务器或机柜的正常运行。这大大增加了系统的可靠性和稳定性。

远程 IP 网络管理是高校计算机机房运行的另一个重要维度。远程 IP 网络管理，即使在非工作时间或紧急情况下，管理员也能远程登录并进行必要的调试和维护，大大提高了系统的可用性和故障恢复速度。

关于系统的可扩展性，无论是增加服务器还是因业务需要新增的 IT 硬件设备，都能无缝接入现有的系统。这种高度的灵活性和可扩展性意味着，高校在未来进行硬件升级或拓展应用场景时，不必担心会遇到不兼容或需要重新设计整个系统的问题。

分散式运行模式的另一个优点是提高了资源利用率。不同于集中式模式下所有资源都依赖一个中心节点，分散式模式能更有效地进行资源调配，减少单点故障的风险。同时，由于各个机柜都配置有本地管理设备，能更灵活地应对各种突发情况，如服务器过载、硬件故障等。

分散式运行在计算机机房和信息技术管理中表现出独特的魅力，特别是在那些地理分散但又要求数据和应用程序接近用户的场合。与集中式运行模式相对，分散式运行模式强调将计算和存储资源分布在不同的地点，从而靠近数据或应用程序的最终用户。通过将数据和计算资源放在物理位置更靠近用户的地方，可以大大降低和减少数据传输的延迟和开销，从而提供更快的响应时间和更好的用户体验。这在今天的数字化世界中显得尤为重要，用户对于响应时间的要求越来越高，无论是内部的员工还是外部的客户。

分散式结构为组织提供了增强的韧性和可用性。因为资源和数据分布在不同的地点，所以即使其中一个地点出现问题，其他地点仍然可以继续工作。特别是在面对自然灾害、硬件故障或其他意外事件时，这种冗余性确保了更高的系统可用性和数据持久性。

经济效益也是分散式模式的一个明显优势。由于不需要在一个地点集中所有的硬件和网络资源，因此可以根据各个地点的实际需求进行投资，从而实现成本的最大化节约。同时，由于不再依赖单一的大型数据中心，电力和冷却成本也得到了有效控制。

与在一个集中的位置管理所有资源相比，跨多个地点管理和维护分散的资源会更加复杂。安全性也是一个重要的考虑因素，因为数据在不同的地点之间传输可能会增加被拦截或窃取的风险。数据一致性在分散式结构中也是一个重要的问题。确保所有地点的数据都是最新的，并保持一致性是一个持续的挑战。此外，需要确保各地点之间有高效、安全和可靠的网络连接，以支持数据和应用程序的无缝访问。尽管有这些挑战，但分散式运行模式在许多场景中仍然是最佳选择，特别是在需要提供高速、低延迟访问的应用中。总的来说，组织在选择运行模式时需要根据自己的具体需求和环境进行权衡，从而确定最适合自己的解决方案。

三、混合运行

混合运行模式融合了集中式和分散式两种模式的优势，为计算机机房提供了更为灵活、高效和经济的运行方式。这种模式将某些资源和服务集中在核心数据中心，同时利用分散的结构在多个地点提供数据和应用服务，以满足特定的业务需求和技术挑战。

采用混合运行模式的一个显著优点是它允许组织根据特定需求和情境选择最佳的部署和管理策略。例如，对于那些需要大量计算能力的任务，可以选择在核心数据中心的高性能服务器上进行处理。而对于需要快速响应和低延迟的应用，可以选择在靠近用户的地方使用分散的资源来实现。

这种模式还为组织提供了更大的灵活性，以应对快速变化的技术环境和业务需求。随着新技术的出现和旧技术的淘汰，组织可以轻松地在集中式和分散式结构之间进行切换，以确保始终使用最适合其需求的技术和策略。

　　混合运行模式在安全性方面也表现出色。通过在核心数据中心集中存储和处理敏感数据，组织可以确保这些数据受到最高级别的保护。同时，通过在分散的地点提供服务，可以减少数据传输的风险，从而进一步增强安全性。

　　经济效益同样是混合运行模式的一个关键优势。组织可以根据需求选择投资核心数据中心或分散的资源，从而实现资本和运营成本的优化。此外，由于能够根据实际需求动态调整资源，因此可以进一步提高效率和减少浪费。

　　确保各个地点之间的数据一致性、管理和维护多个环境的复杂性，以及维持各个地点之间高效且安全的连接，都是混合运行模式下需要面对的问题。为了充分利用混合运行模式的优势并克服其固有的挑战，组织需要进行深入的规划和策略制定。这包括确定哪些资源和服务应该集中，哪些应该分散，以及如何确保各个部分之间的无缝集成。

四、云计算与边缘计算

　　云计算与边缘计算是近年来计算技术发展的两个重要方向。它们各自有着独特的优势与特点，也相互补充，为当今的计算机机房带来了新的可能性和机遇。

　　云计算是一种通过互联网为用户提供按需计算资源的方法。用户无须购买和维护物理硬件，可以直接在云上运行应用程序和存储数据。这大大减少了初始投资和运维成本，同时为各种规模的组织提供了高度的可扩展性和灵活性。云计算平台，如亚马逊网络服务（amazon web services）、微软云计算服务（microsoft azure）、谷歌云平台（google cloud platform），已经成为企业和个人选择计算服务的首选方案。

边缘计算则是一种新兴的计算范式，它的核心思想是将计算任务放在距离数据源更近的地方进行，如物联网（internet of things，IoT）设备、智能摄像头或路由器等。这种做法能够显著降低延迟，提供更为实时的数据处理能力。对于那些需要快速响应的应用，如自动驾驶汽车、工业自动化或智慧城市，边缘计算提供了一种理想的解决方案。

云计算与边缘计算的结合为计算机机房带来了新的动力。通过这种结合，机房可以将大规模的数据分析和存储任务放在云上，而将实时的、对延迟敏感的任务放在边缘设备上。这不仅确保了数据处理的高效性，还允许机房在物理上更接近数据源，从而提供更好的服务。

遇到的问题有如何确保边缘设备的安全性，如何在云和边缘之间同步数据，以及如何管理分布在各地的边缘设备等。为了解决这些问题，计算机机房需要采取一系列的策略和技术，包括加强边缘设备的安全防护、建立高效的数据同步机制，以及使用集中的管理工具进行设备管理。随着第五代移动通信技术（5th generation mobile communication technology，5G）的广泛应用，边缘计算的潜力得到进一步的释放。5G技术为边缘计算提供了高带宽、低延迟的网络连接，使得数据可以在更短的时间内从边缘设备传输到云端，从而提高整体的数据处理效率。

在未来，随着技术的不断进步，云计算与边缘计算的结合将成为计算机机房的一种主流趋势。通过这种结合，机房可以更好地满足各种应用需求，从而为用户提供更高效、更为贴近实际的计算服务。为了实现这一目标，计算机机房需要不断地探索新的技术和方法，以确保在这个快速发展的时代始终处于技术的前沿。

第二章　计算机机房的硬件管理

计算机机房作为高校信息技术的核心载体，其硬件构成与管理直接关系到整个校园网络的稳定性和效率。随着技术的不断发展和教育信息化的深入推进，高校计算机机房的硬件配置越来越复杂，涉及的技术与产品也日新月异。因此，如何有效管理这些硬件资源，确保其长时间、高效率地运行，是每所高校面临的重要挑战。本章将深入探讨计算机机房的硬件管理，从服务器、网络设备到存储设备，再到各种安全设备，为读者提供全面而深入的指导，帮助高校构建更为稳健和先进的计算机机房环境。

第一节　计算机硬件的配置与管理

在高校的计算机机房中，计算机硬件既是基础也是关键。这些硬件不仅承载着众多的教学和科研任务，而且要确保日常的稳定运行，满足学术研究和学生学习的需求。随着科技进步和教育信息化的推进，计算机硬件的配置和管理变得尤为重要，需要细致的策略和前瞻性的视角。本节将对高校计算机机房中的计算机硬件配置与管理进行全面探讨，涵盖选择、部署、维护和升级等各个方面，为高校提供实用的建议和方法，助力构建高效、先进的计算机机房环境。

一、服务器选择与配置

在高校计算机机房中，服务器是中枢系统的核心，为众多教学和科研应用提供支持。正确的服务器选择和配置不仅可以确保系统的稳定和高效运行，而且可以实现长期的投资回报和教学目标的完美对接。

（一）服务器需求评估与选择

1.明确需求

在高校计算机机房中进行服务器选择的第一步，无疑是全面、详尽地了解和明确机房所要满足的主要需求。这一步骤容易被忽视，但其实它是构建高效、可靠计算机机房环境的基础。机房的需求往往涉及多个方面，从最基础的文件存储和数据备份，到数据处理、科研模拟，甚至可能涉及高性能计算、大数据分析和机器学习等高级任务。

详细的任务类型、数量和性质评估通常需要多个部门或者专业人士的共同合作。例如，与教学和科研部门的紧密沟通，因为它们是机房资源的主要用户，对资源的需求最为直接。此外，根据教学和科研项目的不同阶段，需求也可能有所不同。因此，进行需求评估时，不仅要考虑目前的任务和应用，还需要对未来一段时间内可能出现的新需求有所预计。

在进行需求评估的过程中，一些关键的问题需要解答：哪些课程或研究项目将使用这些服务器？这些课程和项目对计算能力、存储容量有何具体要求？是否对实时性、可靠性、数据安全性等方面有特殊需求？需求是否有季节性或周期性的变化，比如在学期末是否会有更高的数据处理需求？这些问题的答案将有助于明确服务器应具备的核心功能和性能指标。

这个需求评估阶段也是预算控制的起点。根据需求的不同，服务器的成本也会有很大的差异。过度配置不仅会造成资金的浪费，还可能增加日后的运维成本；而配置不足则会影响到机房的正常运作和用户体验。因此，在明确了需求后，应合理地对各种资源进行量化和预算，以实现成本和性能之间的最佳平衡。

2.计算能力、内存和存储

在明确了计算机机房的主要需求之后，接下来就是根据这些需求来考虑服务器的具体硬件配置，其中包括中央处理器（central processing unit，CPU）、内存和存储这三大核心组件。

CPU 的选择将直接影响到服务器的计算能力。根据不同任务类型的计算强度，选择合适的 CPU 至关重要。例如，如果机房主要用于进行大数据分析或科学计算，那么一个拥有多个核心和高计算能力的 CPU 将是必不可少的。同样，对于需要高度并行处理的任务，多核心甚至多 CPU 的系统配置将更为合适。这里也需要考虑到能效比，因为更高的处理能力通常也意味着更高的能耗，这将进一步影响机房的冷却系统设计和运维成本。

内存不仅影响数据处理速度，也关系到多任务处理的效率。当服务器在运行多个应用或处理大量数据时，充足的内存将大大提高系统的响应速度和稳定性。此外，内存也应具有一定的可扩展性，以便应对未来可能增加的需求。

存储不仅是硬盘空间的问题，还涉及数据读写速度、备份和恢复能力，以及数据的冗余存储等多个方面的问题。对于需要高速数据访问的应用，SSD 比传统的机械硬盘（hard disk drive，HDD）更合适。同时，考虑到数据的安全性和可靠性，独立磁盘冗余阵列（redundant arrays of independent disks，RAID）配置也是一个较好的选择。

在考虑所有这些硬件配置时，务必要保持一个全局的视角，以确保各个组件之间能够协同工作，达到最佳的性能表现。例如，拥有高性能的处理器但内存不足或存储速度较慢，都可能成为系统瓶颈，影响整体性能。

3. 可扩展性

高校计算机机房往往处于一个不断变化和发展的环境。随着教学和科研项目的演进，以及新技术和应用的出现，机房的需求可能会随时变化。因此，当我们在进行服务器选择时，可扩展性也是一个不能忽视的关键因素。具有高度可扩展性的服务器不仅可以轻松适应当前的需求，更重要的是，它们能有效地满足未来可能出现的各种需求，从而延长硬件的使用寿命并提高投资回报。

可扩展性主要体现在处理器、内存、存储、网络和外围设备等几个方面。对于处理器来说，选择能够添加更多核心或是更强大处理器的服务器模型是明智的。一些高端服务器可以在不需要更换主板的情况下进行 CPU 升级，这极大地方便了扩展。

内存的可扩展性同样重要。优秀的服务器设计通常会预留额外的内存插槽，以便在未来需要更多内存时能够轻松升级。这不仅能满足更多的并行计算和数据处理需求，还能避免因内存不足而导致的系统性能下降。

在存储方面，现代服务器通常支持多种硬盘配置，包括热插拔硬盘和支持不同 RAID 级别的存储控制器。这为数据存储和备份提供了极大的灵活性。当存储需求增加时，可以方便地添加更多的硬盘或升级到更快、更大容量的存储设备。

网络和外围设备也是可扩展性的一部分。随着科研和教学活动的扩展，网络通信和数据传输的需求不断增加。因此，选择支持多个网络接口和多种外围设备连接的服务器将有助于未来的扩展。

（二）服务器硬件配置

1. 处理器

在现代计算机应用中，数据量越来越大，许多任务涉及复杂的数据处理和分析。这种情况下，单核处理器面临性能瓶颈，无法高效处理大规模数据和复杂计算任务。多核处理器通过在同一芯片上集成多个处理核心，能够同时执行多个任务或同一个任务的多个子任务，从而提高系统整体的并行处理能力。这种并行处理能力使得多核处理器在处理大数据集、科学计算、图像处理等需要高度并行计算的领域中表现出色。

多核处理器的优势不仅在于能够同时处理多个任务，还在于能够将一个任务分成多个子任务，并行处理，从而加快任务的完成速度。例如，在科学研究中，模拟复杂的物理现象或分析基因组数据需要大量的计算资源。多核处理器可以将这些复杂的计算任务分成多个部分，交由不同的核心同时处理，从而显著减少计算时间。

选择适合的多核处理器也需要考虑任务的特性，并不是所有任务都能够充分利用多核处理器的并行能力。一些任务更依赖单个核心的高频率性能，而不是多个核心的并行处理能力。因此，在选择处理器时，需要综合考虑任务的性质，选择最能够匹配任务需求的处理器架构。除了多核处理器，还有其他的处理器架构和专用处理器，如图形处理单元（graphics processing unit，GPU）和向量处理器等。这些处理器在特定领域有着出色的性能，能够加速特定类型的任务，比如图像渲染、深度学习训练等。

2. 内存

在计算系统中，内存作为关键的硬件组件之一，扮演着存储和提供数据的重要角色。在选择和配置内存时，需要综合考虑当前应用程序和数据处理的需求，同时不能忽视未来的扩展性。因此，内存配置的决策不仅要满足当前的需求，还需要为未来预留一定的空间。

内存在计算机系统中扮演着临时存储数据的角色，使得处理器能够快速地访问和操作数据，从而提升系统的运行速度。随着应用程序变得越来越复杂，数据量也逐渐增大，对内存的需求也日益增加。因此，选择足够容量的内存以满足当前的应用程序和数据处理需求是至关重要的。

仅仅满足当前需求是不够的，因为技术和应用的发展是持续不断的。未来应用会变得更加复杂，数据量会进一步增加，如果内存不具备一定的扩展性，就会面临性能瓶颈。因此，在内存配置时，需要考虑未来的扩展需求，为系统预留一定的空间，以便在需要时能够轻松扩展内存容量。

预留扩展空间的优势在于避免了频繁的硬件升级。如果系统在初始配置内存时就充分考虑到未来的需求，那么在需要增加内存容量时，只需简单地添加新的内存模块，而无须彻底替换现有的内存，从而节省成本和时间。

另一个需要考虑的因素是内存的性能和类型。不同类型的内存（如DDR3、DDR4、DDR5等）具有不同的速度和延迟特性。在选择内存类型时，需要综合考虑系统的性能需求以及内存的成本。同时，还要注意内存的频率和主板的兼容性，以确保内存能够充分发挥其性能优势。

3.存储

存储在计算机系统中的作用越发重要，它不仅仅是简单的数据存放场所，更是数据的宝库，涵盖了对数据安全、访问速度和冗余性的综合考虑。在选择存储方案时，除了总容量，还必须注重数据的访问速度和冗余性，以确保数据的安全性和高效访问。

存储的总容量是选择存储方案时的一个关键因素。随着数据量的不断增加，如今的应用程序和业务需要更大的存储容量来保存各种数据，包括文档、媒体文件、数据库等。选择足够的总容量能够确保系统不会因为存储空间不足而受限制，从而保证业务的持续运行和扩展。

除了总容量，数据的访问速度也是一个至关重要的因素。不同类型的存储介质具有不同的访问速度。例如，SSD相比传统HDD具有更快的读写速度和更低的访问延迟，适用于需要快速读取和写入数据的场景，如操作系统启动、应用程序加载等。存储方案的选择，需要根据应用需求和性能要求权衡不同存储介质的优缺点。

数据的冗余性也是存储方案需要重视的方面。冗余性是指在存储系统中采取措施，以确保数据在硬件故障或其他意外情况下不会丢失。常见的冗余技术包括 RAID 和备份。RAID 技术通过将数据分布在多块硬盘上，并提供冗余信息，从而在某块硬盘损坏时能够恢复数据。备份则是将数据复制到另一个存储介质或位置，以防止数据丢失。通过采取适当的冗余措施，可以保障数据的安全性和可靠性。

（三）环境与兼容性

1. 物理环境

在现代高校计算机机房中，服务器的物理环境是确保计算机系统稳定运行和高效工作的重要因素之一。服务器的放置、冷却和通风系统等方面的合理设计与配置，直接影响着服务器的使用寿命、性能表现以及整个机房的运营效率。因此，在高校计算机机房中，将服务器放置在合适的机架上，并配备有效的冷却和通风系统，是确保高校计算机机房顺利运行的关键要素之一。

机架作为服务器的支架，不仅能够有效地组织服务器，还能够方便管理和维护。合适的机架设计可以确保服务器之间的间隔适当，不仅减少了机器之间的相互影响，还有助于空气流通，从而保证了服务器的稳定性和高效运行。在高校计算机机房中，选择适合机房空间和服务器数量的机架，对于优化空间利用和提高机房整体管理效率具有重要作用。

冷却和通风系统是维持服务器健康运行的关键因素。服务器在运行过程中会产生大量热量，如果无法及时散热，会导致服务器过热甚至损坏。因此，在机房设计中，应当配备有效的冷却系统，例如，空调设备和风扇，以确保机房温度适宜，服务器能够在稳定的环境中工作。通风系统也应受到重视，保证新鲜的空气能够进入机房，将热空气排出，以维持适当的温度和湿度水平。

高校计算机机房的设计还需考虑电力供应、防尘措施、防火设施等多个方面。稳定的电力供应是服务器正常运行的基础，同时需要配备防尘设施和定期清洁维护，以避免灰尘对服务器的影响。防火设施则是确保机房安全的重要手段，应当设置灭火设备、防火墙等，以应对突发火灾风险。

2.电源和数据备份

在高校计算机机房的运行中，电源和数据备份是确保服务器稳定性和数据安全性的关键。提供可靠的电源供应以及实施有效的数据备份方案，不仅能够保障服务器的正常运行，还能够防范数据丢失的风险，从而满足高校计算机机房对稳定性和可靠性的需求。

电源供应是服务器正常运行的基础。在高校计算机机房中，应当为服务器提供不间断电源供应，以防止因电力波动、断电等问题导致的服务器停机情况。不间断电源设备能够在电力故障时提供短暂的备用电源，确保服务器能够平稳地运行，从而避免因突发电力问题而导致的数据损坏和系统崩溃。此外，电源管理也应得到重视，通过设置电源管理策略，合理控制服务器的用电状态，以降低能源消耗和成本。

数据备份是保障数据安全的重要手段。在高校计算机机房中，数据备份方案应当被认真制订和执行。数据备份的目的在于在数据丢失或损坏的情况下，能够快速地恢复数据，确保业务的持续进行。备份数据应分为多个副本，存储在不同的位置，以防止单一故障点造成数据丢失。定期的备份和自动化的备份流程也是保证备份有效性的关键。对于不同类型的数据，可以采用不同的备份策略，例如定时全量备份和增量备份，以平衡备份效率和数据恢复的速度。

备份数据的存储介质也要合理选择。云存储、硬盘存储等不同的存储方式具有不同的优势和适用场景。在选择备份存储方式时，需要综合考虑成本、存储容量、数据访问速度等因素，以满足高校计算机机房对备份方案的需求。

3.软件和操作系统的兼容性

在高校计算机机房的服务器选择和配置过程中,软件和操作系统的兼容性是一个至关重要的考虑因素。选择与高校常用的软件和操作系统兼容的服务器,不仅可以确保系统的稳定性和高效运行,还能够为高校的教学、科研以及其他业务活动提供坚实的技术支持。

不同的操作系统有着不同的特点和优势,如 Windows、Linux、Unix 等。高校可能在教学、科研和管理中使用多种不同的操作系统,因此,选择与这些操作系统兼容的服务器显得尤为重要。服务器的兼容性能够确保服务器可以运行各种操作系统,提供稳定和高效的运行环境。此外,操作系统的版本也需要考虑,选择最新且稳定的版本能够获得更好的性能和安全性。

高校计算机机房需要运行多种不同类型的软件,包括数据库管理系统、应用程序、科研工具等。选择与这些软件兼容的服务器可以保证软件能够正常运行,并获得最佳的性能。在服务器选择和配置阶段,应当考虑到软件的运行要求,如处理器架构、内存容量、存储需求等,以满足软件运行的最佳环境。

不同的服务器可能有不同的硬件架构和规格,包括处理器、内存、存储等。确保选择的服务器硬件能够与高校所使用的操作系统和软件相匹配,避免因硬件兼容性问题而导致系统不稳定或性能下降。

为了保证软件和操作系统的兼容性,高校计算机机房在选择和配置服务器时,需要进行充分的调研和测试。与服务器供应商进行沟通,了解其产品的兼容性情况,可以为服务器的选择提供有益的参考。此外,定期的系统更新和维护也是保障兼容性的重要措施,及时修复和升级能够确保系统始终在兼容的环境中运行。

二、终端设备的配置

高校计算机机房的终端设备主要包括学生和教职工使用的计算机主机、显示器、输入设备和其他相关设备。正确配置这些终端设备对于确保高校的教学和科研活动正常进行至关重要。一个合理配置的终端设备不仅能够为使用者提供流畅的体验，还能长时间不用更换，从而降低学校的维护成本。

（一）硬件配置

1.计算机性能

在高校计算机机房的环境下，终端设备的配置需求通常比较复杂和多样化，尤其是计算机的性能配置。首先，我们要进行用途分类。在一个高校的计算机机房内，从基础的文档编辑和网页浏览，到高级的图形设计和数据分析都需要使用计算机。因此，计算机机房需要配备不同性能级别的计算机以满足这些需求。基础办公型的计算机，通常配备中等速度的处理器和足够的内存，主要用于完成日常的教学任务，如幻灯片演示、文档编辑和互联网搜索等。而高性能的计算机，则需要高速的多核处理器、大容量的内存和高性能的图形卡，以便进行图形渲染、数据模拟和科学计算等。

因为高校计算机机房的计算机通常会有大量的并发用户，稳定性和耐用性成为选择时的重要考虑因素。这不仅影响着机房的日常运行，也会影响到学校的维护成本。因此，选择那些经过严格质量控制、具有良好口碑并提供长期售后服务的品牌和型号是非常明智的。这些通常也是经过严格测试和认证的，能够保证在高负载环境下继续稳定运行。

对于计算机的内部组件，如硬盘、内存和电源等，也应选择知名和可靠的品牌。一个计算机系统的稳定性不仅取决于其处理器或主板，还取决于这些基础但至关重要的内部组件。选择知名品牌的内部组件不仅能确保系统的整体稳定性，还能在出现问题时，更容易得到有效的售后支持。特别是在大规模的计算机机房环境下，一个小小的硬件故障可能影响到多个用户和多个任务，因此，这样的细节不能忽视。

2.显示器和外设

（1）显示器：标准分辨率适用于大多数场合，但特殊应用（如图形设计）则可能需要高分辨率和专业级别的显示器。

在高校计算机机房环境中，显示器的选择也是一个不容忽视的环节。普通标准分辨率的显示器确实可以满足大多数基础教学和科研应用的需求，如文档编辑、网页浏览，以及一般数据分析等。这类显示器通常具有合适的像素密度，使得长时间阅读和工作不会给视力带来太大负担。

当涉及特殊应用场合，例如图形设计、三维建模、生物信息分析或者高级数据可视化，标准分辨率的显示器就显得力不从心。在这些应用中，高分辨率和专业级别的显示器通常更为合适。高分辨率显示器能展示更多的信息或者更精细的图像，这在图形设计和数据可视化中是极其重要的。它们通常具有更好的色彩准确性和更宽的色域，能更准确地呈现图片和视频的细节。

专业级别的显示器除了高分辨率外，还可能具备诸如高动态范围（high dynamic range，HDR）、有机发光显示器（organic light emitting display，OLED）或量子点技术等先进特性，以及更高级的色彩校准选项。这些专业显示器也可能支持更多种类型的输入接口，如 HDMI、DisplayPort 或 USB-C 等，以便与各种设备进行连接。

（2）输入设备：选择符合人体工程学、材质耐用且易于维护的键盘和鼠标。

输入设备如键盘和鼠标是与用户交互最直接的硬件。这些设备的设计、舒适度和耐用性会直接影响到教学和科研的效率与质量。因此，选择合适的输入设备是至关重要的。

从人体工程学的角度出发，应该选择那些经过人体工程学设计的键盘和鼠标。这样的设备通常拥有更舒适的按键触感、合理的按键布局和适当的大小与形状，能减少使用过程中可能出现的手部疲劳和重复性劳损。这对于需要在机房内长时间工作的教职工和学生尤为重要。

材质的耐用性也是不可忽视的。由于计算机机房通常会经历高强度的使用，尤其是在考试和大型科研项目期间，因此需要选择那些能够承受长时间、高频次使用的高耐用性材料制成的键盘和鼠标。例如，选择由高强度塑料制成的产品通常会具有较长的使用寿命。

易于维护也是需要考虑的。键盘和鼠标应该容易清洁，并且即使在长时间使用后也能保持良好的性能。有些高端键盘甚至提供了拆卸键帽和防水防尘的设计，以便于清洁和维护。

（3）其他外设：如打印机、扫描仪和投影仪，应根据教学和科研需求来选择。

打印机的选择需要考虑打印速度、质量和成本。高校机房通常需要大量的打印任务，包括教学资料、研究报告和学生作业等。因此，应选择能够提供高速、高质量打印的设备，并考虑其长期运营成本，如墨盒或硒鼓的更换频率和费用。

对于扫描仪，应考虑扫描速度和分辨率。扫描仪在研究和教学中的用途非常广泛。选择一台具有高分辨率和快速扫描功能的设备，可以大大提高工作效率。

投影仪的选择也非常关键，特别是在需要进行大规模讲座或演示的场合。关注投影仪的亮度、分辨率和连通性，确保它能满足教室的大小和形状需求。现代的投影仪通常也提供多种连接选项，包括 HDMI、VGA 和无线连接，这为各种教学和展示需求提供了便利。

（二）软件配置

（1）操作系统与应用软件：选择与硬件配置相匹配的操作系统和应用软件，以确保系统的流畅运行。

操作系统作为硬件和应用软件之间的中介，其性能和稳定性直接影响到整个计算环境。因此，在选择操作系统时，应充分考虑与机房内已有或即将引进的硬件设备的兼容性。例如，某些特定类型的服务器可能优化了特定版本的操作系统，而某些外设可能需要特定驱动程序才能在某个操作系统下工作。

在应用软件的选择上，不仅要考虑软件的功能和性能，还要考虑其与所选操作系统的兼容性。例如，某些高性能计算软件可能仅在 Linux 环境下运行，而某些教学软件则可能仅支持 Windows 系统。此外，软件许可成本也是一个重要考虑因素，特别是对于需要大量安装的应用程序。

软件的可维护性和可扩展性也是必须考虑的。一个好的操作系统或应用软件应该具有清晰的更新和升级路径，以便能够应对未来的技术挑战和教学需求。

（2）许可管理：高校环境可能需要多用户许可，因此合适的软件许可管理系统是必需的。

教师、学生和研究人员都需要使用到各种不同类型和级别的软件。因此，购买单一用户许可不仅不经济，还难以满足多样化的需求。通过合适的许可管理系统，可以方便地分配和跟踪多用户许可，从而确保资源的最大化利用。

软件许可管理系统还能帮助机构确保软件使用的合规性。不合规的软件使用可能会导致高额的罚款和法律责任。因此，一个高效的许可管理系统可以实时监控软件使用情况，提供必要的报告和警告，从而避免非法使用。

适当的许可管理还能为未来的软件更新和升级提供方便，这对于确保软件能够持续满足教学和科研需求尤为重要。许多现代许可管理系统还提供了云端服务，进一步简化了许可分配和管理过程，同时便于进行远程教学和研究。

（3）安全性与维护：定期更新和维护软件，确保系统安全和数据保密。

由于机房经常处理敏感的教学和科研数据，以及为大量用户提供服务，因此，对软件的定期更新和维护显得尤为重要。这不仅能确保系统的长期稳定运行，还能避免各种安全风险，如数据泄露、非授权访问和恶意软件攻击。

软件的定期更新是确保系统安全不可或缺的一步。随着技术的快速发展，新的安全漏洞和威胁不断出现。如果不及时更新软件，系统可能会变得容易受到攻击。因此，机房应设立专门的团队或人员负责监控软件更新，并在测试环境中首先进行测试，以确保更新不会影响系统的稳定性。

数据保密是另一个关键问题。高校计算机机房可能需要处理各种敏感数据，如学生信息、研究数据和教学材料。对这些数据进行适当的加密和访问控制是至关重要的。此外，应用程序和数据库也应配置为仅经过授权的用户访问。

定期的系统维护也是确保系统长期稳定运行的必要措施，包括硬盘清理、系统优化和错误日志检查等。有时，可能还需要对硬件进行物理检查和清洁，以防止由于尘埃和温度问题导致的硬件故障。

三、外部设备的配置

在高校计算机机房中，除了服务器、终端计算机等核心设备外，外部设备也起着至关重要的作用。外部设备为教学、科研和日常操作提供了必要的支持和增强功能，使得计算机机房的应用更加多样化和高效。

外部设备主要包括打印机、扫描仪、投影仪、备用电源、外部存储设备以及多种接口转换器等。这些设备在配置时，除了要考虑其技术性能，还需要考虑其与机房环境、用户需求以及其他硬件设备的整体协同效果。

打印机在高校计算机机房中占有不可忽视的地位，尤其是在教学和科研环境中，其作用远不止于简单的文档输出。合适的打印机配置对于提高教学质量、节约成本，以及支持学术研究具有重要意义。因此，在选择和配置打印机时，需要综合考虑多个因素，包括但不限于打印质量、打印速度、维护成本以及多功能性。打印质量是衡量打印机性能的一个重要标准。尤其是在涉及精细图表、照片或专业级别的文档输出时，高分辨率和色彩准确性变得尤为重要。商业级的高质量打印机通常能提供更高的每英寸点数，从而输出更为清晰和准确的文档。打印速度也是一个重要考虑因素，特别是在需要处理大量打印任务的高校环境中。延长的打印队列不仅浪费时间，还可能影响到学生和教职工的工作效率。因此，推荐选择具有每分钟高页数输出的打印机。维护成本是另一个需要关注的点。高维护成本不仅增加了运营负担，还可能在紧急情况下影响到打印任务的完成。商业级打印机通常设计得更为完善，维护需求较低，并且能更有效地管理墨水或碳粉，从而降低长期的运营成本。多功能性也是高校环境中需要考虑的一个方面。许多现代商业级打印机不仅支持打印，还具备扫描、复印等功能。这大大提高了设备的灵活性和实用性，使机房能够更全面地满足教学和科研的多样需求。因为高校环境通常涉及大量用户并发使用，因此打印机的并发处理能力和网络功能也不容忽视。推荐选择能够支持大量用户并发使用、维护简单并且耗材成本较低的商业级打印机。

　　在教学和科研活动中。不论是为了扫描数字化教材和参考资料，还是为了扫描重要的论文和实验记录，一个高性能的扫描仪都是不可或缺的。为了满足这些需求，选择和配置扫描仪时需要考虑多个方面，包括扫描速度、扫描质量、格式支持，以及设备互联性。扫描速度是一个重要的指标。在教学和科研环境中，经常需要处理大量的文档和资料。一个低速的扫描仪可能会成为瓶颈，影响到整体的工作流程。因此，需要选择能够以高速和高效率进行扫描的设备。扫描质量也不容忽视。高质量的扫描不仅能更准确地复制原始文档，而且在后续的编辑或分析过程中也更为方便。一些高级的扫描仪还提供了额外的图像优化功能，如自动裁剪、色彩校正等，这些都能大大提高扫描质量。对于格式支持的考虑也很重要。不同的任务可能需要不同的文件格式，如可携带文档格式（portable document format，PDF）、JPEG 或 TIFF 等。选择一个支持多种输出格式的扫描仪将增加其灵活性，使其能适应更多种类的工作需求。设备互联性也是一个关键因素。扫描仪需要与计算机、打印机甚至其他多功能设备进行连接。因此，需要确保所选扫描仪具有良好的互联性，例如通过 USB、无线保真（wireless fidelity，Wi-Fi）或以太网等多种方式进行连接。这样不仅方便了设备之间的数据传输，也简化了多设备环境下的管理和维护。易用性和可维护性也是需要考虑的因素。用户界面应直观，以便于操作员或学生操作。同时，设备应易于维护，以减少故障时间和维护成本。

在进行课堂授课、学术会议或者各种展示活动时，一个合适的投影仪能极大地提升信息传递的效率和质量。因此，在选择投影仪时，需要特别关注分辨率、亮度、对比度，以及其他高级功能（如无线投屏）。分辨率是衡量投影仪画质的重要指标。高分辨率不仅能提供更清晰、更细致的图像，还能更好地展示复杂的数据和图表。在教育和科研环境中，这是极其重要的，因为它直接影响到信息传达的准确性。亮度和对比度也需要关注。亮度越高，投影仪在光线明亮的环境中表现得越好。而高对比度则能更好地区分图像中的明暗部分，使得细节更加鲜明。在进行大规模讲座或者需要详细展示的情况下，高亮度和高对比度的投影仪具有明显优势。高级功能如无线投屏也越来越受到重视。这项功能让教师和学生能更方便地分享内容，无须通过各种线缆进行连接。这不仅简化了设备的配置和管理，还增加了教室内互动的可能性。

在大规模数据处理和科研活动中，一场突如其来的电力中断不仅可能导致数据丢失，还可能给硬件设备带来不可逆的损坏。因此，备用电源系统的选择和配置是机房管理中不可或缺的一环。容量是备用电源选择中的核心考量因素。备用电源的容量必须足够支持机房内所有关键设备在电力中断期间的正常运行。这通常需要进行详细的功耗评估，包括服务器、存储设备、网络硬件以及其他可能需要电力支持的设备，如空调和安全系统。输出稳定性也是非常重要的。电力波动可能导致设备损坏或数据损失。因此，高质量的备用电源应具有优秀的电压和频率稳定性，以确保在转换过程中不会对设备或数据造成额外的风险。与计算机机房的电力系统的整合能力也是一个关键因素。备用电源应该能与现有的电力布线、分布板和开关设备完美配合。这不仅包括物理连接，还包括软件管理层面的整合，例如，能够通过管理软件远程监控备用电源的状态，以便在紧急情况下做出快速响应。不仅如此，备用电源系统本身也应该易于维护和升级。电池的寿命、维护周期，以及是否容易进行替换或升级，都是需要考虑的实际因素。一个好的备用电源系统不仅能在电力中断时提供稳定可靠的电力，还能在日常运行中方便管理和维护。

　　外部存储设备在高校计算机机房以及个人用途中都发挥着重要作用。尤其是在研究和教学场景中，数据的安全性、可携带性和交换性至关重要。因此，选择合适的外部存储设备不仅是个人需求，更是高校教学和科研活动的基础。存储容量是选择外部存储设备的基础考量。针对不同用途，例如日常文档备份、大型数据分析或多媒体项目，存储容量的需求也会相应变化。一般来说，现今的移动硬盘容量从几百 GB 到几 TB 都有，而 USB 闪存盘则更适用于较小文件的快速传输。读写速度也是一个不可忽视的因素。高读写速度不仅意味着数据传输更迅速，还可以在一定程度上影响数据处理和分析的效率。特别是在需要频繁读写大量数据的科研项目中，高速的外部存储设备可以大大提高工作效率。耐用性是另一个关键要素。考虑到外部存储设备经常需要携带和移动，耐用性和抗震性成为评价其质量的重要指标。一些高端产品还提供防水、防尘等额外功能。最重要的或许是数据加密和安全性。在教学和科研环境中，数据往往具有敏感性和重要性。因此，选择支持高级加密标准（advanced encryption standard，AES）或其他安全协议的外部存储设备显得尤为重要。它不仅可以防止数据泄露，还可以在设备遗失或被盗的情况下保护数据的安全。

在如今多样化和高度集成的硬件环境中，具有各种不同标准的接口，比如高清多媒体界面（high definition multimedia interface，HDMI）用于高清视频和音频传输，VGA 主要用于视频，USB 用于各种数据和设备连接，而雷电接口（Thunderbolt）则提供了高速数据传输和视频输出的能力。这种多样性使得接口转换器成为连接各种设备和确保它们能够顺畅协同工作的关键组件。确保机房内主要设备的兼容性是非常重要的。这意味着需要详细了解机房内存在哪些类型的设备，以及这些设备使用哪些类型的接口。这样可以确保购买的接口转换器能够满足现有需求。例如，如果机房内有老旧的投影设备只支持 VGA 接口，但是现代计算机多数已经移除了这一接口，那么拥有 VGA 转 HDMI 的接口转换器就变得非常必要。考虑接口转换器的扩展性也非常关键。技术的快速发展意味着新的接口标准会不断出现，老的接口标准可能会逐渐被淘汰。因此，选择一些具有多种接口的转换器或者模块化设计的转换器是一个更经济、更具前瞻性的选择。这样，当机房设备需要升级或添加新设备时，只需更换或添加相应的模块，而不是更换整个转换器。质量和耐用性也是选择接口转换器时需要考虑的因素。由于接口转换器会经常被插拔，选择制造质量良好、连接稳定的产品会大大降低日后维护的难度和成本。现代计算机机房越来越注重集成和自动化，因此接口转换器也应具备一定的智能化能力，如自动识别连接设备和调整输出参数等。

四、硬件维护周期

在高校计算机机房中，硬件维护周期不仅是对设备进行日常维护和修复的过程，更是确保整个计算机系统稳定、高效运行的关键。一个合理和高效的硬件维护周期不仅可以提高设备的使用寿命，更可以确保高校的教学、科研和管理活动得以顺利进行。

对于高校计算机机房而言，核心设备如服务器、交换机和路由器的稳定运行至关重要。这些设备通常需要处理大量数据，支持高并发和低延迟，并且在大多数情况下，它们都是机房内不可或缺的"中枢神经系统"。因此，定期和专业的维护工作是维护这些设备性能和稳定性的关键。设备清洁是基础但容易被忽视的环节。由于计算机机房通常是密闭的，尘埃和杂质会积聚在设备表面或内部，可能导致过热和其他故障。每月至少进行一次详细的清洁，使用专业的清洁工具和气体清洁剂，能有效减少这一风险。设备的工作状态检查也非常重要，包括查看硬件的指示灯、检查风扇和散热系统是否正常运行，以及对设备的日志进行审核。任何异常都应记录下来，并尽快进行排查和修复。硬件系统的全面自检和测试也是维护周期的一个重要部分。这通常涉及运行一系列诊断程序，以检查 CPU、内存、存储和其他关键组件的性能和健康状况。此外，网络性能测试，包括但不限于带宽、延迟和数据包丢失率。除了上述的物理和硬件维护，软件更新和安全补丁的应用也应定期进行。旧版本的软件可能包含已知的安全漏洞或性能问题，及时更新能确保设备运行在最佳状态。维护工作不仅是技术人员的责任，也需要机房管理者和使用者的参与。例如，管理者需要确保维护工作得到适当的预算和人力支持，而普通使用者则应遵守相关的使用规定，以减少不必要的设备损耗。

维护计算机机房中使用频率高的设备，如终端计算机、打印机和扫描仪，需要一套全面而周密的维护计划。由于这些设备在日常操作中频繁使用，它们容易受到外界环境因素，如尘埃、温湿度等的影响，这不仅可能降低设备的性能，还可能增加故障率。因此，每季度至少进行一次维护是非常必要的。

内部清洁是维护的首要任务。尘埃和杂质会阻塞散热孔，影响冷却效果，甚至可能导致硬件损坏。使用专业的清洁工具和非腐蚀性的清洁剂进行清洁是至关重要的。对于打印机和扫描仪，粉尘和其他碎片也可能影响打印和扫描质量，因此逐一清洁各个组件是必需的。设备的各部分是否工作正常也需要得到确认。例如，终端计算机的内存、CPU 和硬盘需要进行诊断测试，以确保它们在最佳工作状态下。打印机的喷头、墨盒和纸张输送装置，以及扫描仪的扫描头和滚轮，也需要进行检查。磨损的部件需要及时更换。例如，打印机的墨盒、滚轮，以及其他易耗部件如需要就应及时更换。终端计算机的风扇、电池或其他消耗品也是如此。软硬件的更新和优化也不容忽视。操作系统和应用软件需要定期更新以修复已知的漏洞和提高性能。硬件固件也需要更新，特别是对于涉及网络连接或数据安全的设备。维护过程中还应进行全面的性能测试，以确保所有更新和更改都能如期提高设备的性能和可靠性。同时，还应记录所有维护活动，以便在未来出现问题时进行排查。

　　辅助设备如外部存储设备、备用电源、接口转换器在计算机机房中虽然不是核心设备，但它们的作用也不容忽视。由于这类设备的使用频率和工作负荷通常相对较低，其维护周期可以适当放宽，一般推荐每半年进行一次全面的维护。检查设备的物理状态是非常重要的。这包括检查任何明显的物理损坏，如刮痕、裂纹或其他形式的磨损。外观的完好不仅关乎设备的外观，还可能影响其内部组件。例如，一个有裂缝的外部存储设备可能意味着内部硬盘也有可能受损，这会影响数据的完整性和安全性。性能测试也是维护的关键一环。对于外部存储设备，这意味着进行读写速度测试以及数据传输的完整性检查。备用电源则需要测试其容量和输出稳定性，确保在电力中断时能有效地为关键设备提供电源。接口转换器应进行信号传输测试，以确保它们能在需要的时候提供稳定和高质量的连接。必要的清洁和消毒不应被忽视。虽然这些设备可能不像核心设备那样容易吸引尘埃和污垢，但长时间的累积仍然可能影响其性能和寿命。使用专用的清洁液和布进行清洁，并在需要时使用消毒剂，以减少细菌和病毒的风险。对于这类设备，固件和软件更新通常较为少见，但如果有更新推出，应及时进行，尤其是那些涉及安全修复或性能提升的更新。维护记录也是不可或缺的一环。所有的检查、测试和更新活动都应详细记录，以便将来能够追溯问题的根源或者对设备性能变化有一个准确的了解。

除了定期维护外，计算机机房还应建立一套完善的硬件故障应急响应机制。一旦设备出现故障，应立即进行诊断和处理，确保故障得到及时、有效的解决，并避免故障对整体系统造成更大的影响。

维护周期的确定，除了考虑设备的类型和使用频率外，还应结合高校的教学、科研和管理活动的实际需求进行调整。例如，在学期末、考试周、大型科研项目进行时等关键时期，可以适当提前或延后维护计划，确保计算机机房能够稳定、高效地为高校提供服务。

对于硬件维护人员来说，定期的培训和学习也是不可忽视的部分。随着技术的发展，硬件设备也在不断更新和优化，维护人员应持续跟踪技术发展的趋势，掌握最新的维护方法和技术，确保维护工作的高效和专业。

第二节　网络设备的配置与管理

在现代高校计算机机房中，网络设备扮演了承载信息流动的核心角色，保证了数据的高效、稳定传输和全校师生的日常网络需求得到满足。针对高校这种特定环境，网络设备的配置与管理显得尤为关键。一个合理、先进和安全的网络结构可以为教学、科研以及行政管理等多个方面提供强大的支撑，同时，良好的网络环境也是吸引和培养高水平人才的一大利器。因此，本节将专注于高校计算机机房的网络设备配置与管理，深入剖析其重要性、具体操作以及面临的挑战，旨在为读者提供一个全面而深入的了解。

一、路由器与交换机

路由器与交换机在高校计算机机房中占据了不可或缺的地位。作为网络的核心组件，它们分别担当着不同但又相互关联的功能，确保整体网络的稳定和高效运行。

路由器，作为一个关键的网络设备，主要负责将数据包从一个网络传送到另一个网络。每当数据需要从一个子网传输到另一个子网时，路由器便开始发挥作用。高校计算机机房经常需要处理大量的数据流，这些数据来自教学、科研等部门。因此，选择合适的路由器型号和配置对于确保数据流畅传输至关重要。同时，路由器还具有一系列高级功能，例如网络地址转换（network address translation，NAT）、防火墙保护以及虚拟专用网络（virtual private network，VPN）支持，这些功能在高校环境中常常是必需的，用以确保网络的安全性和私密性。

交换机在网络中的角色更像是一个中央枢纽，它将计算机、服务器和其他网络设备连接在一起。不同于路由器，交换机在局域网内部传送数据，它能够记住连接到其上的每一个设备的物理地址，当数据包到达时，交换机知道应该将其发送到何处。在高校计算机机房中，由于存在大量的计算机和服务器，交换机在数据传输中的作用显得尤为关键。而高速交换机则能确保在高峰时段，如学生上网高峰或大规模数据传输时，网络依然能够高效运行。

在选择路由器与交换机时，高校计算机机房需要综合考虑多种因素，设备的品牌、性能、扩展性、安全性以及价格都是决策的关键点。为了满足高校特有的需求，很多时候需要进行定制化配置。

设备的管理和维护也是至关重要的部分。随着技术的发展，现代路由器和交换机往往配备了一系列的管理工具和接口，使得网络管理员可以更加轻松地进行设备配置、监控以及故障排查。对于高校这样的大规模网络环境，定期的设备检查、软件更新和安全策略的调整都是确保网络健康运行的关键步骤。

路由器与交换机在高校计算机机房中扮演着至关重要的角色。为了保证教学和科研的正常进行，需要对这些设备给予足够的重视，从选择、配置到管理和维护，每一步都需要精心策划和执行。

二、无线网络设备

无线网络设备在现代高校计算机机房中的重要性日益凸显。随着技术的进步和移动设备的普及，无线网络已经成为高校网络基础设施的重要组成部分。从教室、图书馆、实验室到宿舍，无线网络的覆盖使得学生和教职工可以随时随地访问互联网和校内资源。

无线网络的核心设备是无线接入点（wireless access points，WAP）。这些设备提供无线网络连接，使得各种无线设备如笔记本电脑、智能手机、平板电脑等，可以连接到学校的内部网络和公共互联网。为满足高校广大的区域和众多用户的需求，往往需要部署大量的无线网络设备来确保稳定的网络覆盖和高质量的连接。

为高校配置和管理无线网络设备并不简单。首先，需要考虑网络的覆盖范围。对于大型的校园来说，确保每一个角落都有稳定的网络信号是一项挑战。这就需要进行精确的无线网络规划，包括选址、设备数量以及频段选择等。

安全问题是无线网络中不可忽视的一环。与有线网络相比，无线信号有可能被未经授权的用户截获或干扰，因此需要采取多种措施来增强网络的安全性，如使用强密码、加密通信、定期更换密钥、隔离敏感数据流等。

为了确保网络的稳定运行，高校还需要部署无线网络管理系统。这种系统可以实时监控网络的状态，检测并解决可能出现的问题。例如，当某个地方的用户数量突然增加时，系统可以自动调整网络资源，确保每个用户都能获得良好的网络体验。同时，这些系统还可以帮助网络管理员分析网络使用情况，为未来的扩展和升级提供宝贵的数据。

考虑到移动学习和远程教学的日益普及，无线网络的质量直接影响到教学的效果。因此，为了满足这些新的需求，高校需要考虑引入更为先进的无线技术。例如，新一代的 Wi-Fi 7 技术提供了更高的传输速度、更好的连接质量和更低的延迟，这对于流媒体教学、虚拟现实实验室等高带宽应用来说非常有利。

无线网络设备在高校计算机机房中的作用不可或缺。为了满足现代教学和科研的需求，需要对这些设备进行深入的研究和精心的管理，确保为学生和教职工提供稳定、高速、安全的网络环境。

三、宽带与接入服务

高校计算机机房的网络基础设施不仅仅局限于内部的硬件配置和无线网络部署。宽带与接入服务作为与外部网络连接的桥梁，同样扮演着至关重要的角色。这些服务决定了整个校园网络的速度、稳定性和安全性，直接影响到教学、科研和日常通信的效率和质量。

在当今的数字化时代，互联网已经成为知识获取、信息交流和科研合作的主要渠道。高校作为知识的殿堂，其对于网络质量的要求自然比其他机构更为严格。因此，选择合适的宽带和接入服务是每所高校都必须面对的关键决策。

宽带速度是衡量网络质量的首要标准。高速的宽带可以确保在线教学、视频会议、远程实验室等应用的流畅运行。对于大型的高校来说，需要的宽带带宽可能达到每秒数十甚至数百 GB。但宽带速度并不是唯一的考虑因素，稳定性和可靠性同样重要。网络的中断或延迟可能导致教学活动的中断，或者重要的科研数据丢失。

接入服务则是连接校园网络和外部互联网的媒介。合适的接入服务不仅能提供高速的网络连接，还应确保网络的安全和隐私。这就要求接入服务提供商能够提供先进的防火墙、入侵检测系统以及数据加密技术。

除了硬件和技术层面，与接入服务提供商的合作关系也是高校需要考虑的重要方面。良好的服务合同可以确保高校在遇到网络问题时获得及时的技术支持，而合理的费用则有助于高校更好地控制网络运营成本。

随着技术的发展，高校也需要时刻关注宽带和接入服务的新技术和新趋势。例如，新一代的光纤技术、5G网络以及软件定义网络（software defined network，SDN）等技术为高校提供了更高速、更灵活、更安全的网络连接选项。而新的网络服务模式，如VPN和内容分发网络（content delivery network，CDN）可以帮助高校优化网络性能，提供更好的用户体验。

宽带与接入服务在高校计算机机房的网络基础设施中起到了关键作用。选择合适的服务不仅可以提高网络的速度和稳定性，还能确保网络的安全和隐私。高校需要与技术和市场保持同步，不断优化网络服务，为师生提供更好的网络环境。

四、网络拓扑结构选择

网络拓扑结构在高校计算机机房中扮演着至关重要的角色，因为它决定了数据传输的效率、网络的可靠性和灵活性，以及未来网络升级和扩展的难易程度。对于任何大型机构，尤其是知识密集的高等教育机构，选择合适的网络拓扑结构是确保网络高效、稳定运行的基础。

星型拓扑是一种常见的拓扑结构，其中所有的终端设备都直接连接到一个中央集线器或交换机。这种结构的优点是简单、易于管理。但它也存在缺点：当中央节点出现故障时，整个网络会瘫痪。因此，为确保网络的可靠性，中央节点通常需要备份，并使用高质量的设备。

环型拓扑则是终端设备按照闭环的方式连接。数据在环中沿一个方向传输，直到到达目的地。这种拓扑的优势是能够支持大量的数据传输，且具有一定的故障容忍性。但由于其固有的循环特性，可能导致数据延迟，且维护相对复杂。

总线型拓扑结构中，所有设备都连接到单一的通信线路上。它的构建成本相对较低且容易实施。然而，随着网络流量的增加，总线型拓扑可能会出现数据拥塞的情况，降低传输效率。

网状拓扑是一种复杂的结构，允许多个设备间进行直接的连接。这种拓扑提供了高度的灵活性和可靠性，因为它允许数据通过多条路径进行传输，从而提供冗余。但它的设计和管理较为复杂，需要专业的网络工程师来进行优化。

在选择高校计算机机房的网络拓扑结构时，需要综合考虑多种因素。预期的网络流量、机房的物理布局、预算限制以及未来扩展的需求都会影响到最终的决策。例如，对于一个新建的、有充足预算和预计未来有大量网络需求的高校，可能会选择网状拓扑，因为它提供了最大的灵活性和扩展性。而对于预算有限或只需要满足基本需求的高校，星型或总线型拓扑可能是更为合适的选择。

除了上述常见的拓扑结构外，还有许多其他的拓扑结构可供选择，如树型拓扑、层次型拓扑等。关键是要确保所选择的拓扑结构能够满足高校当前的需求，并能够适应未来的变化。

网络拓扑结构是决定高校计算机机房网络性能的关键因素。合适的拓扑结构选择不仅可以确保网络的高效和稳定运行，还能为未来的扩展和升级打下坚实的基础。

第三节　存储设备的配置与管理

在高校计算机机房中，存储设备的配置与管理是确保数据完整性、可用性和持续性的核心环节。随着大数据、人工智能和虚拟化技术的不断发展，高等教育机构对数据存储的需求不断增加，这使得存储设备的选型、配置和管理变得尤为关键。本节将深入探讨高校计算机机房在存储设备方面应考虑的各种因素，包括硬件选择、存储解决方案、数据备份与恢复以及安全策略，旨在为学术界提供一个全面、实用的指南。

一、数据存储方案

在高校计算机机房中，选择恰当的数据存储方案是确保数据的可靠性、可访问性和持久性的前提。数据是现代教育和研究工作的核心，因此，如何储存、管理和访问这些数据成为机房管理的重点。

RAID 技术在高校计算机机房中仍然得到广泛应用。其背后的思想是使用多个磁盘驱动器提供数据冗余，以防止单个磁盘的故障导致的数据丢失。根据所选的 RAID 级别，可以提供不同程度的冗余和性能。例如，RAID 5 和 RAID 6 提供了数据奇偶校验，以确保在一个或两个磁盘故障的情况下仍能恢复数据。

随着数据量的不断增长和新技术的出现，有必要考虑更加先进的存储解决方案。对象存储已经成为一种流行的选择，尤其是对于需要存储大量非结构化数据（如视频、图像和文档）的应用程序。与文件存储和块存储不同，对象存储使用独特的标识符（通常称为"对象 ID"）来存储和检索数据。这种方法提供了高度的可伸缩性，并且可以容易地扩展到多个物理位置。

对于需要高速访问和计算的应用程序，如复杂的科学计算或实时数据分析，SSD 提供了比 HDD 更快的读写速度。在一些计算密集型或 I/O 密集型的应用中，SSD 可以大大减少数据访问的延迟，并提高整体系统性能。

在选择存储方案时，数据的备份和恢复也是不可忽视的关键因素。在故障或数据损坏的情况下，可以迅速恢复数据是至关重要的。高校计算机机房应该定期备份关键数据，并在多个物理位置保存多个备份副本。此外，应该定期测试备份的完整性和可恢复性，确保在真正需要时可以顺利恢复数据。

高校计算机机房在选择数据存储方案时需要考虑多种因素。无论选择哪种方案，关键是确保数据的完整性、可用性和持久性，以支持教育和研究工作的各种需求。

二、存储扩展与备份

在高校计算机机房中，随着学术研究和日常教学活动的不断发展，数据量也在持续增长。如何有效地扩展存储容量并确保数据的安全备份，已经成为机房管理的重要议题。

存储扩展是关于如何应对机房内数据不断增长的挑战的。许多现代存储方案提供了易于扩展的设计，允许机构根据需要逐步增加存储容量。例如，对象存储系统通常被设计为可伸缩的，可以简单地添加更多的存储节点来增加总容量。这种模块化的方法避免了预先购买大量未使用的存储空间，从而节省了成本。

SAN 是另一种流行的存储扩展方法。通过 SAN，多个服务器可以访问在网络上的共享存储资源。如果需要增加存储容量，只需在 SAN 中添加更多的存储设备即可，而无须对现有系统进行任何修改。此外，SAN 可以提供更高的性能和冗余，确保数据的高速访问和持续可用性。

当谈到数据备份时，备份不仅仅是将数据复制到另一个位置。它更是一个策略，确保在数据损坏、硬件故障或其他意外情况下，数据可以完整无损地恢复。定期的、自动化的备份过程是至关重要的，以确保数据的最新状态得到备份。

对于关键数据，采用多地备份策略是一个明智的选择。这意味着在本地和远程的两个或更多位置存储数据的备份。这样，在一处发生灾难性的事故时，如火灾或洪水，其他地方的数据仍然是安全的。

近年来，云备份成为备份数据的一个越来越流行的选择。通过将数据备份到云中，高校可以利用云提供商的大规模基础设施，确保数据在多个物理位置得到存储，从而提供更高的数据持久性。此外，云备份还为数据提供了随时随地的访问，使得数据恢复变得更为简单。

值得注意的是，备份策略应该定期进行审查和测试。确保备份数据的完整性和可恢复性至关重要，因为没有经过验证的备份可能在关键时刻无法使用。

对于高校计算机机房来说，有效的存储扩展和备份策略是确保数据可用性和安全性的基石。面对数据量的持续增长，机房管理者需要选择适合其需求的存储和备份解决方案，并确保这些解决方案得到正确的实施和维护。

三、存储安全与恢复

在高校计算机机房中，数据是最宝贵的资产之一。无论是学术研究、学生的作业还是教职员工的个人信息，所有这些数据都需要得到充分的保护。然而，随着网络攻击的增加、硬件故障的不可预测性和人为操作失误的存在，数据安全与恢复工作显得尤为关键。

存储安全需要采取一系列措施，确保数据不会被未经授权的人员访问、修改或删除。此外，即使在发生硬件故障或数据损坏的情况下，数据也应该能够完整无损地恢复。为此，高校机房管理者需要关注以下几个方面。

数据加密：数据在传输和存储时应进行加密，以防止未经授权的访问。这不仅适用于存储在服务器上的数据，还包括在网络上传输的数据。使用高级的加密算法可以确保数据在传输和存储过程中的隐私和完整性。

访问控制：确保只有经过授权的用户和应用程序可以访问数据。这可以通过用户身份验证、权限管理和访问日志来实现。每个用户的访问权限应该根据其角色和需要进行精细化管理，防止不必要的数据泄露。

数据备份与版本控制：定期备份数据并为其创建多个版本，当数据出现问题时，可以轻松地恢复到一个早期的状态。版本控制不仅可以防止数据丢失，还可以在修改错误时迅速返回到先前的状态。

恢复策略：机房应制定明确的数据恢复策略，确保在发生数据丢失或损坏时，能够迅速、有效地恢复数据。这包括选择合适的恢复工具、制订恢复计划和定期进行恢复演练。

定期的安全审计：为了确保数据的安全性，机房应定期进行安全审计，检查现有的安全策略是否仍然有效，是否有新的潜在威胁需要关注。这种审计应由专业的安全团队进行，确保所有潜在的安全隐患都被及时发现并得到处理。

防御性措施：除了主动的安全措施，还需要考虑如何防御外部威胁，如病毒、恶意软件和网络攻击。通过设置防火墙、安装最新的安全补丁和使用安全软件，可以有效地抵御这些威胁。

四、分布式存储系统

在当今的数据驱动时代，高校计算机机房面临着持续增长的数据量和高度分散的数据来源。为了更有效、灵活和可靠地管理这些数据，分布式存储系统应运而生，成为数据存储与管理的新趋势。

分布式存储系统通过将数据分割成多个片段，并在多个物理位置存储这些片段，实现了数据的冗余存储和高可用性。这种设计方法允许系统在不影响数据完整性和可用性的情况下进行扩展，同时提供了针对硬件故障的容错能力。

对于高校计算机机房而言，分布式存储系统带来了以下几个显著的优点。

弹性扩展性：随着学术研究和教育活动的不断发展，数据的产生速度和存储需求持续增长。分布式存储系统能够轻松地添加新的存储节点，以满足这种增长的需求，而无须进行大规模的系统重构或升级。

高度可用性与故障恢复：通过在多个地理位置存储数据的多个副本，分布式存储系统可以确保在某个节点或数据中心出现故障时，数据仍然可用。这种设计还允许系统在故障发生时自动进行故障转移和数据恢复，最大限度地减少了数据丢失的风险。

数据一致性与完整性：分布式存储系统通过使用复杂的算法和协议，确保了在多个节点之间同步和复制数据时的数据一致性。这意味着，无论用户从哪个节点访问数据，都可以得到相同的、最新的数据。

支持大数据与并行处理：随着大数据技术和并行计算的发展，分布式存储系统成为这些技术背后的关键组件。通过将数据分布在多个节点上，系统可以并行地处理和分析大量的数据，从而大大提高了数据处理的速度和效率。

成本效益：与传统的中心化存储系统相比，分布式存储系统可以使用低成本、商品化的硬件构建，从而大大降低了存储成本。此外，通过优化存储资源的使用，系统可以进一步提高存储的性价比。

分布式存储系统并非没有挑战。例如，系统的设计和管理相对复杂，需要有经验的技术人员进行操作和维护。此外，网络延迟和带宽限制可能会影响系统的性能和数据传输速度。

考虑到分布式存储系统具有的诸多优势和高校计算机机房面临的数据管理挑战，这种系统仍然是高校机房的一个理想选择。通过正确地设计、配置和管理分布式存储系统，高校计算机机房可以确保数据的安全、完整和高效存储，从而更好地支持学术研究和教育活动。

第四节　硬件故障的诊断与维护

在高校计算机机房中，硬件设备是构建和支持学术研究、课程设计和各种项目的基石。但随着时间的推移，这些设备可能会发生故障，影响到学校的日常运营。因此，对硬件故障的有效诊断与维护不仅是确保机房持续正常运行的关键，更是保障教学和研究活动顺利进行的必要手段。当面对一个庞大的、多样化的技术环境时，对于每一个可能出现的问题，机房管理者和技术人员都需要具备一套完善的、系统化的方法和策略，以确保及时、准确地诊断并解决问题。这一节将深入探讨高校计算机机房在面对硬件故障时如何进行有效的诊断和维护，确保机房的稳定和高效运行。

一、常见故障与诊断

在高校计算机机房中，硬件设备如服务器、网络设备、存储设备及各类终端频繁地在高强度环境下运行，这不可避免地导致了各类故障的出现。对于管理者和技术人员来说，迅速而准确地诊断故障成了一个巨大的挑战。

服务器是计算机机房中的核心。当服务器出现故障，通常表现为启动失败、频繁重启、性能下降等。大部分情况下，这些问题可以追溯到硬盘、内存或电源故障。例如，硬盘的坏道或断裂可能会导致数据读写失败，进而引起系统崩溃；而内存的损坏可能导致蓝屏或应用程序错误；电源问题则可能导致服务器无法启动或频繁重启。对于这些问题，技术人员通常会使用专门的诊断工具，如内存检测工具或硬盘健康检查工具，进行检查。

网络设备，如路由器和交换机，也是机房的重要组成部分。这些设备的故障通常会导致网络中断或性能降低。例如，交换机的某个端口损坏可能会导致与该端口连接的设备无法上网，而路由器的配置错误则可能导致整个网络的中断。对于这些故障，技术人员通常需要登录到设备的管理界面，检查其状态和配置，以确定问题所在。

存储设备，如硬盘阵列和 NAS，是数据存储的主要载体。这些设备的故障通常表现为数据无法读写、性能下降或数据丢失。例如，硬盘阵列中的某块硬盘损坏可能会导致整个阵列的性能下降，而 NAS 的网络配置错误则可能导致用户无法访问其上的数据。对于这些问题，技术人员需要检查设备的物理状态和配置，以及运行诊断工具，如自动检测分析及报告技术（self-mnitoring analysis and report technology，S.M.A.R.T）检测，来确定硬盘的健康状态。

除了上述设备，计算机机房中还有各种外设，如打印机、投影仪等。这些设备的故障通常比较容易诊断，但仍需要技术人员的专业知识。

二、预防性维护

在高校计算机机房的日常管理中，预防性维护是确保硬件设备长时间、稳定运行的关键策略之一。与传统的应急维护相比，预防性维护的目的是在故障发生之前识别并解决潜在问题，从而减少意外停机时间和维护成本。

预防性维护的核心是定期检查和维护硬件设备，包括对服务器、网络设备、存储设备以及其他关键硬件进行定期的物理和逻辑检查。物理检查主要关注设备的外部条件，如风扇的运转、电源指示灯的状态以及任何可见的损坏或磨损迹象。逻辑检查则涉及系统的健康状态、日志文件和其他指示设备性能和健康度的指标。

除了定期检查，预防性维护还涉及定期更新硬件的固件和驱动程序。这不仅可以确保硬件与最新的操作系统和应用程序兼容，还可以解决已知的安全漏洞和性能问题。另外，对于关键设备，如服务器和存储设备，建议定期进行性能基准测试，以跟踪其性能随时间的变化，并在性能下降之前采取措施。

预防性维护的另一个重要方面是灾难恢复计划。这要求机房管理者制定和实施一个详细的灾难恢复策略，以确保在发生重大故障时可以迅速恢复正常运行。例如，定期备份关键数据、制订紧急响应计划以及确保关键设备和数据的冗余。

为了有效地实施预防性维护，机房管理者需要与技术人员紧密合作，制定详细的维护日程，并确保所有相关人员都受到了适当的培训。此外，管理者还应该考虑采用自动化工具和技术，如远程监控和管理、自动化备份和更新等，来简化和加强预防性维护的流程。

预防性维护是确保高校计算机机房稳定、高效运行的关键。通过定期检查、更新和维护硬件设备，机房管理者可以大大减少故障的发生率，从而确保学生和教职工可以无缝地访问和使用计算机资源。

三、替换与升级

在高校计算机机房的日常管理中，替换与升级是持续优化和确保设备性能的重要策略。考虑到技术的快速发展和硬件的有限寿命，及时地替换和升级设备，不仅可以增强机房的运营效率，还可以避免因过时技术导致的安全隐患。

替换通常发生在硬件设备到达其生命周期的尾端或出现不可修复的故障时。例如，一台运行了数年的服务器可能因为硬件疲劳导致性能下降，或者由于持续高温运行而导致某些部件损坏。在这种情况下，尽管可以进行维修，但长期看来，替换新设备可能更为经济并带来更好的性能。当决定替换时，选择与现有系统兼容且满足未来需求的设备是关键。

而硬件升级则更多地关注于增强设备的功能和性能，而不是完全替换。例如，为了应对数据增长，可以在现有服务器上增加额外的内存或存储容量。升级通常比替换更为经济，但前提是现有硬件设备仍然处于其生命周期的中间阶段，并且可以满足未来一段时间的需求。

在决定替换或升级时，有几个关键因素需要考虑。设备的当前状态、预期的使用寿命、升级的成本和潜在好处都是决策过程中的重要组成部分。例如，对于即将过时但目前仍运行良好的设备，可能只需要进行轻微的升级；而对于性能已经严重下降的设备，则可能需要全面替换。

安全也是考虑替换或升级的重要原因。随着技术的发展，旧设备可能存在已知的安全隐患，这些隐患可能无法通过软件更新来修复。在这种情况下，替换新设备是避免潜在风险的最佳选择。

计算机机房的维护团队需要与供应商保持紧密联系，了解市场上的新技术和产品。这不仅可以帮助团队做出明智的采购决策，还可以确保所选设备与现有系统的兼容性。

无论是替换还是升级，目标都是确保计算机机房的稳定运行，满足学术和研究的需求，并为用户提供最佳的体验。通过定期评估设备的状态和需求，机房管理者可以确保资源的最佳利用，同时可以为未来的技术挑战做好准备。

四、硬件维保合同与选择

在高校计算机机房的日常管理中，硬件维保合同成为确保设备长期稳定运行的关键。这些合同不仅涉及设备的常规维护，还涵盖了紧急维修和零部件替换。当涉及大量的硬件设备，如服务器、网络设备和存储系统时，选择合适的维保合同和合作伙伴就显得尤为重要。

硬件维保合同常常详细描述了提供的服务范围、维护周期、响应时间和费用结构。对于高校计算机机房来说，这意味着能够预测未来的维护费用并确保在出现问题时能够得到迅速的响应。因此，在考虑合同内容时，关注其为设备提供的具体保障和服务承诺是必不可少的。

对于大型机房，可能需要包含全天候服务的紧急服务响应，以确保关键设备如服务器和网络设备出现问题时，可以在最短的时间内得到修复。此外，合同中还应明确维护人员的资质和技能，确保他们能够处理复杂的硬件问题。

在评估维保合同时，也需要注意费用结构。有些合同可能包括所有维护和修理的费用，而其他合同则可能在提供基本服务的同时，对某些特定服务或零部件替换另行收费。了解这些费用和可能的额外开销，对于预算管理和长期费用预测都是至关重要的。

选择维保合同的合作伙伴也是一个需要深思熟虑的过程。理想的合作伙伴应该有良好的市场声誉，能提供专业的服务，并且对高校计算机机房的特定需求有深入的了解。此外，它们应该拥有足够的资源，如备用零部件和技术支持，以确保机房设备的连续运行。

一些高校可能选择与设备原始制造商签订维保合同，认为它们对设备的了解最为深入。然而，也有一些第三方维保公司，它们不仅能够提供与原始制造商相当甚至更出色的服务，而且费用更为经济。

硬件维保合同是高校计算机机房稳定运行的重要保障。在选择合同和合作伙伴时，机房管理者需要深入评估其提供的服务、费用结构和市场声誉，确保它们能够满足学校的长期需求并为机房设备提供最佳的保障。

第三章　计算机机房的软件管理

在高校计算机机房的复杂生态系统中，硬件只是基础。软件管理是确保这些机房有效、稳定和安全运行的关键组成部分。随着技术的快速发展和高等教育对于先进教育技术的不断追求，现代的高校计算机机房不仅需要管理传统的操作系统和应用程序，还要管理各种为研究、创新和学术交流提供支持的复杂软件工具。本章将深入探讨高校计算机机房中软件的选择、部署、更新、维护和安全管理，以确保为学生、教师和研究人员提供高效、可靠和安全的计算环境。

第一节　操作系统的选择与管理

在高校计算机机房的日常管理中，操作系统作为硬件和各种应用程序之间的桥梁，其重要性不言而喻。合适的操作系统不仅可以最大化硬件的效能，还可以为用户提供友好的界面和稳定的使用体验。但是，如何在众多操作系统中做出最佳选择，又如何确保其稳定、安全且易于管理，成为每个计算机机房管理者面临的挑战。本节将详细探讨高校计算机机房在选择和管理操作系统方面的最佳实践，以确保满足教育和研究的多样化需求。

一、操作系统的类型与选择

高校计算机机房中的操作系统选择关乎学术研究、教学质量和学生的学习体验。为确保系统高效、稳定地运行，选择合适的操作系统是关键。当我们探讨操作系统类型时，通常涉及 Windows、Linux、Unix 和 macOS 等几大主流系统。每种操作系统都有其特色和应用场景，使其成为特定需求的理想选择。

Windows 操作系统，出品于微软，以其图形化界面和广泛的应用软件支持闻名。对于那些已经习惯于 Windows 的学生和教师，这使得其学习曲线相对较低。尤其是在商业应用、桌面办公和多媒体制作领域，Windows 表现出强大的优势。

Linux 操作系统，源自开源社区，以其稳定性、安全性和灵活性而著称。它的多种发行版（如 Ubuntu、CentOS、Debian 等）使其能够满足从桌面应用到高性能计算的各种需求。由于其开源特性，Linux 在高等教育和研究领域中受到广泛欢迎，尤其适合编程、数据分析和服务器管理等专业课程。

Unix 操作系统，以其强大的多任务处理能力和稳定性而闻名，长时间被用作大型机和数据中心的核心系统。尽管现代 Linux 已经吸收了许多 Unix 的特性，但 Unix 在某些研究领域和特定应用场景中仍具有不可替代的地位。

macOS，由苹果公司开发，是基于 Unix 的操作系统。它结合了图形化界面的友好性和 Unix 底层的稳定性。由于出色的设计和多媒体处理能力，macOS 在艺术、设计和视频制作等领域中受到欢迎。

选择适合高校计算机机房的操作系统，需要考虑多个因素。其中，硬件兼容性、教学软件需求、系统维护和管理、成本以及未来扩展性都是决策的关键点。例如，如果计算机机房主要支持编程课程，Linux 可能是一个理想的选择，因为它为学生提供了一个真实的开发环境。然而，如果主要为设计和视频制作课程服务，Windows 或 macOS 可能更适合。

机房的预算也是一个重要的考虑因素。开源的 Linux 为机房提供了一个无额外成本的高效解决方案。而 Windows 和 macOS 可能涉及使用费用。

二、系统的安装与配置

在高校计算机机房中，操作系统的安装与配置是实现高效学习和研究的基石。确保系统的正确安装和适当配置对于提供一个稳定、可靠和安全的学习环境至关重要。

开始安装前，需要确保计算机硬件满足所选操作系统的最低要求。此外，检查硬件是否与操作系统兼容也是必要的，这样可以避免未来可能出现的硬件冲突。

下载正确版本的操作系统映像文件并验证其完整性是安装的第一步。许多开源操作系统提供了完整性校验工具，如 SHA256 哈希值，以确保下载的文件没有被篡改。

为了系统的持久性和灵活性，许多机房选择使用网络安装，这样可以在多台计算机上同时进行安装。使用预启动执行环境（Preboot eXecution Environment，PXE）和网络安装服务器可以大大简化此过程，并确保所有计算机获得一致的操作系统版本和配置。

磁盘分区是安装过程中的另一个重要部分。合理的分区策略不仅可以最大化磁盘空间的利用，还能提高系统的稳定性和性能。为了确保数据的安全和快速恢复，许多机房选择为操作系统和用户数据创建独立的分区。

操作系统安装完成后，接下来的任务是配置。网络设置，包括 IP 地址、子网掩码、网关和域名系统（domain name system，DNS）服务器，是使计算机能够访问内部网络和互联网的关键。

安全配置也是必不可少的。防火墙和安全增强工具，如 SELinux 或 AppArmor，可以提供额外的保护层，防止恶意攻击。创建用户账户和定义合适的权限策略可以确保学生和教职员工在不影响系统稳定性的情况下访问必要的资源。

软件包管理是计算机机房中的另一个关键组成部分。使用如 APT、YUM 或 Pacman 等包管理器可以确保软件得到及时更新，同时保持与操作系统的兼容性。

考虑到高校计算机机房的多样性和特定需求，可能还需要进行其他配置。例如，为支持特定课程或研究项目，可能需要安装特定的软件。另外，集成开发环境、数据库和其他开发工具也可能是所需的软件列表的一部分。

在所有配置完成后，最后一步是测试。确保所有计算机都可以正常启动、访问网络和运行基本的软件应用。这是确保学生和教职员工得到最佳学习体验的关键。

操作系统的安装与配置是一个复杂但至关重要的过程。通过确保正确的安装、合适的配置和充分的测试，高校计算机机房可以为学生和教职员工提供一个稳定、高效和安全的环境，从而实现其教育和研究目标。

三、系统更新与补丁管理

在高校计算机机房的环境中，对操作系统的更新和补丁管理是确保稳定、安全和高效运行的关键组成部分。系统更新不仅修复已知的安全漏洞，还可以增加新功能或改善系统性能。

操作系统的更新通常包括安全更新、功能更新和错误修复。安全更新是最关键的，因为它们解决了可能被恶意软件利用的漏洞。随着新的安全威胁的出现，持续的安全更新变得至关重要。

功能更新通常增加新的特性或改进现有特性，主要是为了支持新硬件、增加新的网络功能和对用户体验的改进。错误修复通常解决了非安全相关的问题，这些问题可能影响到系统的稳定性或性能。

为了管理这些更新，大多数现代操作系统都配备了包管理系统，如APT、YUM 或 Pacman。这些工具可以自动检测、下载和安装更新，大大简化了维护过程。但在机房环境中，通常需要对这些工具进行配置，以确保只安装必要和已经测试过的更新。

一般来说，高校计算机机房应当设定一个定期更新策略。可以是每周、每月或每学期一次，重要的是要有一个策略，并始终坚持执行。此外，紧急安全更新应当在发布后尽快应用，以减少潜在的风险。

在进行任何更新之前，都应当在测试环境中进行测试。这确保了更新不会引入新的问题，例如与特定应用程序的兼容性问题。只有在测试成功后，才应将更新部署到目标环境。

备份也是更新策略的一个重要组成部分。在进行任何更新之前，都应备份关键系统和数据。这样，如果更新导致问题，可以迅速恢复到之前的状态。

补丁管理也是一个复杂的任务，特别是在大型机房环境中。考虑到可能有数百甚至数千台计算机需要更新，自动化工具和策略变得尤为重要。配置管理工具，如 Ansible、Puppet 或 Chef，可以自动化许多常见的维护任务，包括补丁安装。

对于更新和补丁管理，培训和教育也很重要。计算机机房的管理员应当了解最新的安全威胁，以及如何有效地应对这些威胁。此外，与其他机构和组织分享信息也很有价值，因为这可以提供有关新威胁和最佳实践的宝贵信息。

系统更新和补丁管理是高校计算机机房日常维护的一个重要方面。通过正确、有效地管理这些更新，机房可以确保为学生、教师和研究人员提供一个既安全又稳定的环境。

四、系统性能监控与优化

在高校计算机机房中，确保操作系统的最佳性能是至关重要的。机房为众多用户提供服务，包括学生、教师和研究人员。为了满足这些用户的不同需求，维护人员需要密切关注系统的性能，并在必要时进行优化。

性能监控是评估计算机机房中系统健康状况的关键工具。通过监控，管理员可以了解哪些资源正在被使用，哪些资源可能会成为瓶颈，以及哪些资源还有剩余。一些常见的性能指标包括 CPU 使用率、内存使用情况、磁盘活动和网络流量。

现代的操作系统都配备了内置的性能监控工具。例如，Linux 系统上的 "top" 和 "vmstat" 工具可以提供即时的性能数据。Windows 系统则提供了 "任务管理器" 和 "性能监视器"。但在大型机房环境中，更专业的解决方案，如 Prometheus 或 Zabbix，可能更为合适，因为它们可以同时监控多台计算机，提供更详细的指标，并提供可视化的仪表板。

当性能问题出现时，识别出问题的原因是关键。可能是因为某个进程使用了过多的 CPU 时间，或者因为磁盘 I/O 达到了峰值。只有明确了问题的根源，才能有效地进行优化。

对于 CPU 的使用情况，考虑是否有一些不必要的后台任务正在运行。也可能需要考虑是否某个应用程序需要优化或升级。对于内存，考虑增加随机存储器（random access memory，RAM）或优化内存密集型应用程序。对于磁盘 I/O，考虑使用更快的磁盘，如固态硬盘，或优化磁盘访问模式。

网络性能也是需要关注的重点。确保网络连接没有拥塞，检查网络设备的健康状况，并确保宽带足以满足机房的需求。使用网络监控工具，如 Wireshark 或 Netdata，可以帮助管理员更好地理解网络流量的模式。

除了监控和优化，定期的性能测试也很重要。通过模拟高负载的情况，管理员可以预测未来可能出现的性能问题，并提前进行优化。

系统性能不仅仅关乎硬件和软件，工作流程、用户行为和其他因素都可能影响性能。例如，考虑将大型数据分析任务安排在晚上执行，这样就不会影响到日常的用户活动。

与软件供应商、硬件供应商和其他机构合作，共享经验和最佳实践，可以提供有关如何最大限度地提高性能的宝贵建议。

第二节　应用软件的配置与管理

在高校计算机机房中，除了操作系统的管理外，应用软件的配置与管理同样占据了核心地位。考虑到高校的特性，机房需满足教育、研究以及行政等多个部门的需求。从基本的办公软件到专业的科研工具，从通用的编程环境到专门的模拟软件，计算机机房需要确保这些应用软件都能够顺畅运行，还要保证数据的安全性和可用性。在本节中，我们将探讨如何选择合适的应用软件，如何进行有效的配置，以及如何确保其持续、稳定地运行，从而为高校的教育和研究活动提供坚实的技术支持。

一、软件的许可与购买

在高校计算机机房的管理过程中，软件许可和购买是一个不容忽视的关键环节。正确地处理这一问题不仅能保证学校合法使用软件，还可以为学校节约大量经费。

当涉及软件的选购时，高校通常会面临商业软件和开源软件两种选择。商业软件通常需要购买许可证，而开源软件则可以免费使用。不过，开源软件可能需要额外的技术支持费用，或者在某些特定功能上需要购买许可。

对于那些必须购买的商业软件，学校通常可以享受教育折扣。这是因为许多软件供应商都愿意为教育机构提供特殊的价格优惠。然而，要获得这种优惠，学校可能需要与供应商进行正式的谈判，并提供相关的证明文件。

此外，许多软件供应商为高校提供了多用户许可证，这意味着学校只需购买一个许可证，就可以在多台计算机上安装和使用该软件。这种许可方式为学校节约了大量费用，但在实际使用中，必须确保不超过许可证规定的用户数量。

在购买软件时，还应注意软件的升级和维护问题。许多供应商为其软件提供了升级和技术支持服务，但这通常需要额外费用。对于那些长期使用的关键软件，购买升级和支持服务通常是明智的选择，因为这可以确保软件的稳定性和安全性。

高校在购买软件时还应考虑软件的兼容性和扩展性。随着技术的发展，学校可能需要升级硬件或更换其他软件。因此，所购买的软件应能与其他系统兼容，以避免未来的技术冲突。

学校应建立一个完整的软件库，记录所有已购买和使用的软件。这不仅可以方便学校管理和跟踪软件，还可以在发生法律纠纷时为学校提供必要的证据。

对于高校计算机机房来说，软件的购买是一个复杂但至关重要的问题。学校需要结合自身的实际需求，做出明智的选择，确保合法使用软件，同时最大限度地为学校节约成本。

二、软件的部署与更新

在高校计算机机房环境中，软件的部署与更新是关键的环节，直接影响到日常教学和研究的效率和安全性。准确地执行部署与更新流程，确保软件正常运行且始终保持最新状态，是计算机机房管理员的重要职责。

软件部署是将特定的软件版本、配置和数据从开发环境迁移到目标环境的过程。在高校环境中，这通常意味着将应用程序、操作系统或其他软件从测试或验证环境迁移到学生和教师使用的计算机或服务器上。

　　部署时，需要确保目标环境满足软件的所有运行要求。例如，确保计算机具有足够的内存、磁盘空间，以及其他所需的硬件或软件资源。而且，部署过程可能需要特定的权限或配置，因此管理员必须具备相应的技能和知识。

　　部署完成后，通常需要进行一系列测试，以确保软件在新环境中正常运行。例如，功能测试、性能测试和安全测试等。测试结果应该详细记录，并解决所有发现的问题。

　　与此同时，软件的更新是确保软件功能、性能和安全性的持续过程。随着时间的推移，开发人员可能会发布新的软件版本，修复已知的缺陷，增加新的功能或提高软件的性能。此外，随着安全威胁的不断演变，经常需要为软件更新安全补丁。

　　高校计算机机房通常需要管理大量计算机和软件，手动进行软件更新不仅效率低下，而且容易出错。因此，自动化的软件更新工具和策略是必不可少的。这样的工具可以定期检查软件更新，自动下载并安装到目标计算机上，确保所有系统都维持在最新的状态。

　　自动更新也带来一些问题。例如，新的软件版本与现有的配置或其他软件不兼容。因此，在实际应用更新之前，最好在测试环境中进行验证，确保新版本与当前环境兼容并满足所有需求。

　　在应用任何更新之前，还应备份所有相关的数据和配置。这样，如果更新导致任何问题，可以迅速恢复到之前的状态。

　　软件的部署与更新在高校计算机机房中扮演着重要的角色。为确保教育环境的稳定性和安全性，机房管理员需要采用最佳实践，持续监控软件的状态，并适时地应用必要的更新。

三、软件兼容性与集成

在高校计算机机房的日常运作中，软件的兼容性与集成是至关重要的问题。正确处理这两个方面可以确保学术活动的流畅进行，也为学生、教职工提供高效的学习与工作环境。

软件兼容性涉及软件在特定环境中与其他软件共同工作的能力。在高校计算机机房中，可能会有各种不同版本的操作系统，各种类型的硬件以及各种应用软件。兼容性问题主要是因为一个新的软件版本不支持旧的硬件设备，或者两个软件应用之间存在冲突。例如，某个教学软件只能在特定版本的操作系统上运行，或者某些应用程序无法在同一台机器上同时运行。

兼容性问题可能导致软件崩溃、数据丢失或其他不可预测的行为。因此，高校计算机机房管理员在引入新软件或更新现有软件时，必须进行充分的测试。这意味着在正式部署之前，需要在受控的环境中安装软件，以确保其与现有系统和应用程序的完全兼容。

另外，软件集成是确保不同的软件应用能够顺利地一起工作。在教育环境中，可能需要将教学管理系统、在线测试工具、学生数据库和其他应用集成在一起，以提供连贯的用户体验。集成可以是简单的数据共享，也可以是复杂的业务流程自动化。

成功的软件集成可以为学校带来多种好处。例如，教师可以从教学管理系统中直接访问学生的成绩，或者学生可以从在线学习平台直接访问图书馆资源。然而，集成也带来了挑战。不同的软件可能使用不同的数据格式或通信协议，可能需要中间件或其他工具来实现数据转换或通信。

为了确保成功集成，计算机机房管理员应与软件供应商紧密合作，了解其产品的集成能力和限制。此外，管理员还需要了解学校的业务流程和需求，以确定最佳的集成策略。在解决兼容性与集成问题时，开源解决方案和社区支持也是宝贵的资源。很多时候，其他学校或组织可能已经面临并解决了类似的挑战，它们的经验和解决方案可以为高校计算机机房提供宝贵的参考。

软件的兼容性与集成是高校计算机机房管理的重要组成部分。只有充分了解并解决这些问题，学校才能提供稳定、高效和连贯的教学环境。

四、软件性能与安全性

在高校计算机机房的环境中，软件性能与安全性是两个核心的考虑因素。高效和安全的软件不仅为学生和教职员工提供良好的用户体验，而且确保教育资源的合理利用和数据的完整性。

软件性能关乎软件运行的效率、响应时间、资源使用等方面。一个优秀的软件应能够在最低的硬件资源上达到最大的输出效果。在高校环境中，这意味着无论是进行研究、编程、设计或任何其他任务，软件都应确保学生和老师可以无缝、流畅地进行操作，不会因为软件的延迟或卡顿而中断学习或教学过程。

在选择软件时，也要考虑到多用户的情况，尤其是当大量学生同时在线进行操作时，软件仍能够维持其高效的性能。这需要软件具有良好的可伸缩性，以便根据需要进行资源分配。

安全性是另一个至关重要的议题。随着网络攻击和数据泄露事件的频繁发生，软件的安全性已经成为每一个机构、企业和个人的关注焦点。对于高校来说，这尤为重要，因为学校里存储了大量的学生、教职员工以及研究的敏感数据。如果这些数据泄露，可能会对学校的声誉和学生的隐私造成严重损害。

软件安全性不仅是防止外部攻击，还涉及内部的数据管理和访问控制。这意味着软件应有严格的权限管理功能，确保只有被授权的用户可以访问特定的数据或功能。同时，所有的敏感操作，如数据修改、删除等，都应有完整的日志记录，以便在出现问题时进行追踪和恢复。

软件还应该具备防御各种常见攻击手段的能力，如嵌入式结构查询语言（embedded structure query language，embedded SQL）注入、跨站脚本攻击等，并能够及时接收和应用安全补丁。此外，高校计算机机房的管理员也应当定期进行安全审计和渗透测试，确保软件在真实环境中的安全性。

为了确保软件的性能与安全性，高校计算机机房需要与软件供应商建立紧密的合作关系，确保所采购或使用的软件经过了严格的性能和安全测试。同时，机房的管理员和技术人员也应当定期接受相关培训，以便更好地管理和维护软件，确保其始终处于最佳状态。

软件的性能与安全性是高校计算机机房不可或缺的两个方面。只有确保了这两个方面的优越性，高校才能为学生和教职员工提供一个高效、安全的数字学习和工作环境。

第三节　数据库管理系统的应用

在高校计算机机房的环境中，数据库管理系统（database management system，DBMS）扮演着至关重要的角色。随着教育数字化的不断推进，如今的高校已经累积了大量的教学、研究、行政和学生信息数据。为了确保这些数据的高效存储、查询、维护以及安全性，一个可靠且强大的DBMS变得尤为必要。

数据库不仅仅是数据的存储库，更是支撑高校日常运作的关键。无论是教务系统中的学生成绩记录，图书馆的藏书信息，还是研究项目的数据资料，都需要依赖数据库进行管理。因此，选择合适的DBMS，并进行适当的配置与管理，对于确保高校的信息化建设和运营效率至关重要。

随着大数据和人工智能技术的崛起，如何从海量数据中提取有价值的信息，如何高效地处理和分析数据，成为高校计算机机房面临的新挑战。这使得数据库管理系统的角色不再局限于简单的数据存储，而是拓展到了数据分析、数据挖掘以及与其他系统的集成等多个领域。

本节将深入探讨数据库管理系统在高校计算机机房中的应用，从DBMS的选择、配置、优化到其在教学和研究中的应用，旨在为读者提供一个全面而深入的了解。

一、数据库系统的选择与配置

在高校计算机机房环境中，选择与配置适当的DBMS是至关重要的，因为它直接影响整个学校信息系统的效率和稳定性。选择和配置数据库系统不是一个简单的任务，需要进行详尽的需求分析，确保满足学校的具体需求和实际情况。例如，主要用于存储学生信息和成绩的数据库和用于大规模科研数据分析的数据库在需求上存在显著差异。

对于数据库系统的选择，关键考虑因素包括需求分析、性能、可扩展性、安全性和成本。首先，需求分析要确定数据库的类型和大小，这涉及数据量、并发用户数和数据增长速度的预测。其次，性能方面的需求与硬件资源、网络速度和DBMS软件的性能有关，特别是在高并发情况下。随着学校信息化的进一步发展，数据量会持续增长，因此选择的DBMS必须具有良好的扩展性。此外，数据安全始终是首要关注的问题，因此需要选择那些能够提供强大安全功能，如数据加密、用户访问控制和审计追踪的数据库系统。最后，总体拥有成本也是一个关键因素，它涵盖了DBMS软件的购买、许可、维护费用以及相关的硬件和人力资源成本。

配置数据库系统也是一个复杂过程，涉及硬件配置、网络配置、DBMS参数调优、数据结构设计以及备份和恢复策略。确保数据库服务器具有足够的处理能力、内存和存储空间是关键，特别是对于那些读写请求较多的应用，网络配置需要确保满足并发访问的需求。此外，大多数数据库系统允许用户调整参数，以优化其性能，这通常涉及内存使用、查询优化和存储参数的调整。良好的数据结构设计，包括适当的表结构、索引和关联，能够显著提高查询效率。为了保障数据安全，定期备份是必不可少的，并且应该有一个可靠的策略来迅速恢复数据。

选择和配置数据库系统是一个综合性的任务，需要细致地分析和考虑。只有正确地做到这一点，才能为高校的日常运营和科研工作提供稳定、高效的数据库支撑。

二、数据库备份与恢复

在高校计算机机房环境中，数据库备份与恢复的策略和实践是为了确保数据的完整性、安全性和可用性。数据库中存储的信息，如学生记录、课程成绩和研究数据，都是宝贵的资源，其丢失或损坏可能会导致严重的后果。

数据库备份是创建数据的一个或多个副本，以便在原始数据丢失或损坏时可以恢复。备份可以分为全备份、增量备份和差异备份。全备份涉及复制数据库中的所有数据，这通常在指定的时间间隔（如每周一次）进行。增量备份只复制自上次全备份或增量备份以来发生变化的数据。差异备份则复制自上次全备份以来发生变化的数据。

为了确保备份的有效性和可靠性，需要考虑以下几个关键因素。

备份频率： 备份的频率取决于数据的变化率和机构对数据丢失的容忍度。例如，一个快速变化的数据库可能需要每天进行备份，而变化较慢的数据库可能每周备份一次就足够了。

备份介质： 备份数据可以存储在磁带、硬盘、光盘或云存储中。选择的介质应考虑其可靠性、成本、存储容量和恢复速度。

备份位置：为了防止灾难性事件，如火灾或洪水，备份数据应存储在与原始数据不同的物理位置。

自动化：考虑使用自动化工具进行定期备份，这样可以确保备份的一致性和减少人为错误。

与备份一样重要的是数据恢复。当数据库遭受损坏或数据丢失时，需要有策略和工具来恢复数据到最后一个已知的良好状态。数据恢复的策略包括以下几个方面。

恢复点目标：这是确定在故障后数据库应恢复到的特定点。例如，如果每天晚上进行备份，那么恢复点目标可能是最后一次备份的时间。

恢复时间目标：这是系统应该在多长时间内恢复的目标。这个时间可能取决于业务需求和数据库的关键性。

日志恢复：大多数数据库管理系统都有事务日志，记录自上次备份以来所有的数据库更改。在全备份和日志的帮助下，可以将数据库恢复到故障发生前的状态。

测试：定期测试恢复策略和工具是至关重要的，以确保在真正的灾难情况下它们可以有效地工作。

数据库备份与恢复是高校计算机机房中确保数据安全性的关键组成部分。它要求细致的规划、恰当的技术和定期的测试，以确保在数据遭受损坏或丢失时可以迅速、有效地恢复。

三、数据库性能优化

高校计算机机房的数据库性能优化是为了确保数据的快速、高效和稳定的访问。优化数据库性能不仅能满足教育和研究的需求，还能提高用户的满意度和系统的整体效率。数据库性能优化涉及多个方面，包括硬件、软件和查询设计。

硬件是数据库性能的基础。为了获得最佳的性能，确保服务器拥有足够的处理能力、内存和高速存储。现代的 SSD 为 I/O 密集型应用提供了显著的性能提升，因此对于高访问速度的数据库，使用 SSD 是一个明智的选择。网络也对数据库性能产生影响，特别是当数据需要跨网络传输时。确保网络带宽能满足并发访问的需求，避免数据传输的瓶颈。

在软件层面，数据库管理系统的配置也是性能优化的关键。许多数据库系统允许调整内存分配、缓存策略和其他参数来优化特定工作负载的性能。合理配置这些参数可以显著提高查询速度和并发处理能力。查询设计也是数据库性能优化的重要组成部分。避免复杂的连接操作、使用合适的索引和避免全表扫描都可以减少查询时间。当设计查询时，考虑使用解释计划工具来分析查询的性能并找出可能的瓶颈。数据结构的设计同样对性能有重要影响。确保数据表结构化得当，减少冗余数据，并使用合适的数据类型都可以提高数据访问的效率。

除了基础的性能优化措施，还有一些高级技术可以进一步提高数据库性能。例如，分区表可以将大型表分解为更小、更易于管理的部分。数据复制和负载均衡可以分散查询负载到多个服务器，从而提高并发处理能力。

定期监控数据库性能是确保其持续高效运行的关键。使用性能监控工具可以帮助识别瓶颈、慢查询和其他可能影响性能的问题。这些工具通常提供实时的性能指标，如查询响应时间、磁盘 I/O 和 CPU 利用率。

定期对数据库进行维护，如清除旧数据、重建索引和优化表结构。这些维护任务可以确保数据库持续高效运行，减少性能退化的可能性。

数据库性能优化是一个持续的过程，需要结合硬件、软件和设计策略来实现。通过持续的监控、调整和维护，高校计算机机房的数据库可以为教育和研究提供稳定、高效的数据服务。

四、数据库的安全性与权限管理

在高校计算机机房环境中，数据库安全性和权限管理显得尤为重要。

数据库中存储了学校的重要信息，如学生个人资料、学术研究数据和财务信息等。为了保护这些信息不被未经授权的人员访问、修改或删除，采取一系列的安全措施和权限管理策略是必要的。

数据库安全性主要关注保护数据的完整性、可用性和保密性。完整性确保数据不被错误或恶意地修改，可用性确保合法用户可以在需要时访问数据，而保密性防止数据泄露给未授权的用户。

为确保数据的完整性，数据库应有强大的事务管理能力，确保数据操作在失败时可以回滚，不会造成数据损坏。此外，使用完整性约束，如外键和唯一约束，也可以确保数据的一致性和准确性。

在保障数据可用性方面，数据库应实施备份策略，以便在数据丢失或损坏时能够迅速恢复。备份应定期进行，并存储在安全的地方，同时应考虑使用冗余硬件和软件解决方案，如 RAID 和数据库复制，以增强系统的可用性。

为了维护数据的保密性，数据库应使用多种技术手段，如数据加密、网络安全措施和身份验证。数据加密不仅应用于数据存储，还应用于数据传输过程中，以防止数据在传输过程中被窃取。网络安全则确保数据库服务器不受外部攻击，例如，通过防火墙和入侵检测系统来监控和阻止恶意流量。身份验证确保只有合法用户才能访问数据库，通常通过用户名和密码进行，但也可以采用其他手段，如多因素身份验证。

权限管理是数据库安全的另一个关键组成部分。它涉及确定谁可以访问数据库，以及他们可以执行哪些操作。通过精细的权限管理，可以确保用户只能访问他们需要的数据，并只能执行他们被授权的操作。

权限是基于角色的，这意味着用户被赋予特定的角色，这些角色具有一组预定义的权限。例如，学生只能查看自己的成绩，而教师可以输入和修改成绩，管理员则可以访问和修改所有数据。

审计追踪是另一个有助于确保数据库安全的工具。它记录数据库的所有活动，包括谁访问了哪些数据，以及他们执行了哪些操作。这不仅可以帮助检测和防止不当行为，还为任何安全问题提供了详细的记录，有助于事后分析。

数据库的安全性和权限管理在高校计算机机房中占据着至关重要的地位。通过实施上述策略和措施，学校可以确保其数据的安全性、完整性和可用性，同时保护数据不被未经授权的人员访问。

第四节　软件故障的诊断与维护

在高校计算机机房的日常管理中，软件故障诊断与维护是一个不可或缺的环节。计算机机房不仅是教学和学习的核心场所，也是学术研究和数据处理的重要平台。在这样一个高度依赖软件系统的环境中，任何形式的软件故障都可能引发一系列问题，影响学生和教师的日常活动，甚至妨碍重要学术研究。

软件故障有多种形式和级别，可以是操作系统的崩溃，也可以是特定应用软件的功能异常，或者更为细微但却影响使用的各种小问题。这些故障的出现可能因多种原因，比如软件缺陷、不兼容性、错误配置或者外部攻击。因此，对于高校计算机机房来说，拥有一套有效的软件故障诊断和维护策略是至关重要的。这包括但不限于故障的及时发现、准确诊断、有效解决，以及预防措施的制定和执行。只有这样，才能确保软件系统的稳定运行，为高校的教学和研究提供可靠的支持。

本节将深入探讨软件故障的各个方面，从诊断技术和工具，到常见故障类型和相应的维护策略，以及如何制定和执行预防措施，以减少故障发生的可能性和影响。笔者希望通过这一节，为高校计算机机房的管理员和维护人员提供一套全面而实用的指南，帮助他们更有效地管理和维护软件系统，确保其长期、稳定地运行。

一、软件冲突和故障

在高校计算机机房中，软件冲突和故障是常见但不容忽视的问题。这些冲突和故障可能源于多种因素，包括软件之间的不兼容性、更新缺陷甚至操作失误。解决这些问题通常需要一种多角度、综合性的方法，以确保机房中的各种应用和系统能够稳定运行。

软件冲突通常涉及两个或更多的软件应用或组件之间的交互问题。这种交互问题可能导致应用崩溃、数据丢失或者系统资源耗尽。例如，一个常见的情况是不同的安全软件之间存在冲突，可能导致系统性能下降或者误报。另外，新旧版本的软件并存，或者使用了不同的配置文件，也容易引发冲突。

软件故障则可能更加复杂，它们可能是由软件本身的缺陷、硬件问题、网络问题或者用户操作失误引起的。无论是操作系统还是特定的应用程序，都有可能出现故障。一旦出现故障，可以通过日志文件、故障排除工具或者专业的诊断软件来确定问题的根本原因。

解决软件冲突和故障的一个关键步骤是准确诊断问题的来源。这通常涉及对系统日志、错误报告和其他诊断信息的仔细分析。除了内置的系统工具外，还可能需要使用第三方的诊断软件或者专业服务。

一旦确定了问题的原因，下一步通常是进行修复或者配置调整。例如，如果是因为软件不兼容而导致的问题，可以卸载冲突的软件或者安装补丁。如果是硬件问题，可以更换故障的硬件组件。对于由用户操作失误引起的问题，提供相应的培训和指导通常是最有效的解决方案。

除了解决已经出现的问题，预防未来问题的发生也非常重要。例如，定期更新软件、监控系统性能和资源使用情况、进行定期的系统检查和维护等。

软件冲突和故障管理是一个持续、多层次的过程。高校计算机机房需要综合考虑硬件、软件和人为因素，采取全面的策略来预防和解决这些问题。通过对问题的及时发现、准确诊断和有效解决，以及通过预防措施的合理部署，可以大大提高计算机机房的软件稳定性和可靠性，从而更好地服务于教学和研究活动。

二、软件的修复与重装

在高校计算机机房环境中，软件的修复与重装是必不可少的日常维护活动之一。软件问题可能会导致系统崩溃、数据丢失或功能失效，这不仅影响学校日常的教学和研究工作，而且可能导致更严重的系统问题。因此，掌握如何有效地修复与重装软件，对于保证计算机机房的稳定运行至关重要。

当面临软件故障或冲突时，修复通常是首选的解决方案。这样做的优点在于可以避免数据丢失，并减少系统停机时长。现代操作系统和应用软件通常提供了多种内置的修复工具和选项。例如，对于 Windows 系统，"修复安装"或"重置此电脑"功能可以在不影响用户文件的前提下，重新安装系统文件和组件。对于应用软件，许多现代软件都提供了自动或手动修复的选项，可以解决一系列常见问题。

在某些情况下，软件修复可能无法解决问题，或者修复过程本身可能太过复杂和耗时。在这种情况下，重装软件成为更为可行的解决方案。重装意味着将软件完全卸载，然后重新安装，以确保所有的系统文件、注册表项和配置设置都是正确的。这通常是解决严重软件冲突、病毒感染或系统文件损坏等问题的最有效方法。然而，重装软件也有其缺点，如可能导致用户数据丢失，因此在进行重装之前，务必进行充分的数据备份。

无论是选择修复还是重装，都需要考虑到与其他系统组件和软件的兼容性问题。例如，在修复或重装操作系统时，需要确保所有的硬件驱动程序和应用软件都与新系统兼容。对于应用软件，尤其是那些依赖特定版本的运行时库或其他依赖项的软件，重装后可能需要重新配置或更新这些组件。

修复和重装过程通常需要管理员权限，并且可能会影响到其他用户。因此，在进行这些操作之前，通常需要先通知所有受影响的用户，并在可能影响到多用户的情况下，选择在非工作时间进行。

三、软件日志与监控

在高校计算机机房管理中，软件日志与监控是确保系统稳定性和安全性的重要环节。这不仅涉及基础的操作系统和硬件资源使用情况的追踪，还包括应用软件状态、安全事件以及各种系统和网络活动的实时或历史数据记录。通过对这些信息进行仔细分析，管理员可以及时识别潜在的问题，采取预防或纠正措施，并在问题发生后进行有效的故障排除和系统恢复。

软件日志通常会记录各种系统事件，包括但不限于错误消息、系统警告、用户活动和安全事件。这些日志信息可以是由操作系统自动生成的，也可以是由应用软件或其他监控工具生成的。操作系统如 Windows 和 Linux 都提供了丰富的日志和审计功能，使管理员能够追踪系统状态和用户活动。与此同时，许多企业级应用软件和数据库管理系统也提供自己的日志和监控工具，以供管理员进行更细致的管理和分析。

除了基础的日志记录功能外，高效的日志管理还需要涉及日志存储、归档和搜索功能。由于计算机机房通常会产生大量的日志数据，因此需要有效地管理这些数据，以便在需要时能够快速检索和分析。这通常可以通过使用专门的日志管理软件或服务来实现，这些软件不仅提供高效的数据存储和检索功能，还支持多种高级分析和可视化工具。

软件监控方面，除了基础的系统性能和资源使用情况监控外，还需要对应用软件和数据库的运行状态进行实时或定期的检查。这通常通过使用各种系统和应用级别的监控工具来完成。例如，对于网络（Web）服务和数据库服务器，可以使用各种监控工具追踪服务可用性、响应时间和错误率等关键性能指标。

安全监控是软件日志与监控的一个重要方面。例如，对未授权访问、病毒和恶意软件活动、数据泄露和其他安全事件的实时监控和预警。通过配置合适的安全策略和监控规则，管理员可以及时识别和应对各种安全威胁，从而大大降低系统和数据被破坏和泄露的风险。

软件日志与监控在高校计算机机房管理中扮演着至关重要的角色。通过有效地利用这些工具和数据，不仅可以提高系统的稳定性和安全性，还可以提供更为高效和便捷的故障排除和维护手段，从而更好地支持高校的教学和研究活动。

四、软件支持与技术咨询

在高校计算机机房环境中，软件支持与技术咨询是确保计算机机房稳定和高效运行的关键组成部分。由于计算机机房经常需要支持大量用户和多样化的应用场景，问题和挑战也随之而来，包括软件故障、系统不兼容，以及用户对于特定软件或系统的操作不熟悉等。因此，具有专业知识和经验的软件支持和技术咨询服务成为解决这些问题的有力工具。

软件支持通常包括错误诊断、问题解决、软件更新和补丁管理等方面。这样的服务可以来自软件供应商，也可以来自第三方服务机构或内部的 IT 支持团队。无论来源如何，软件支持都需要具备深入的技术知识和丰富的实践经验，这样才能有效地诊断问题，并提供针对性的解决方案。例如，在数据库出现性能瓶颈时，软件支持团队会迅速介入，通过对数据库进行深入分析，发现是否由于查询优化不当、硬件资源不足或其他因素导致的问题，并据此提出解决建议或直接进行修复。

与软件支持相辅相成的是技术咨询服务，这通常更侧重于长期战略和计划。例如，当一所高校计划进行系统升级或软件迁移时，技术咨询服务会提供全面的需求分析、方案设计和实施建议。这不仅可以确保项目的顺利进行，还可以大大提高资金和资源的使用效率。

在提供软件支持与技术咨询服务时，要严格遵循高校内部的安全政策和规定。这是因为在诊断故障和解决问题的过程中，支持人员很可能需要访问包含敏感信息的系统和数据。因此，除了具备专业的技术能力外，还需要有严格的安全意识和责任心。

除了日常的问题解决和长期规划外，软件支持与技术咨询还可以提供各种培训和教育服务，帮助用户提高自己的技术水平和解决问题的能力。这对于高校计算机机房来说尤为重要，因为这里不仅有专业的技术人员，还有大量的学生和教师用户。通过有效的培训和教育，可以大大降低由于操作不当或知识不足引发的问题，从而进一步提高计算机机房的管理效率。

软件支持与技术咨询在高校计算机机房的管理过程中起到了不可或缺的作用。它们不仅可以解决具体的技术问题，还可以通过提供战略建议和培训服务，帮助高校更有效地规划和管理其计算资源，从而更好地支持教学和科研活动。

第四章　计算机机房的网络管理

互联网的迅猛发展和普及，已经成为推动人类进步的巨大动力。其中浩如烟海的信息成为人们日常生活、工作和学习必不可少的帮手，极大地丰富了人类的生活。作为继报纸、广播、电视之后的第四大媒体，互联网逐渐融入人们的生活，使用互联网已成为当代人类的一种生活方式，对人的心理和行为产生了重要的影响。高校计算机机房不单提供日常教学服务，也是在校师生、科研人员工作的基地。此外，现有的计算机机房不单是一台服务器和几台电脑的组合，而是由多台专业服务器、小型机、专业高级网络设备、存储设备及电源 UPS 设备等众多的专业高级设备组成。因此，加强和提高对计算机设备、操作系统、网络安全的管理是非常迫切的。

在高校计算机机房的管理过程中，网络管理是一个关键组成部分。网络不仅连接了机房内的所有计算和存储资源，还提供了与外界通信的主要途径。因此，网络的稳定性、安全性和性能直接影响到计算机机房及整个高校的信息系统。本章将深入探讨计算机机房网络管理的各个方面，包括网络架构的设计与管理、网络安全的保障、网络故障的诊断与维护，以及网络优化与升级。

第一节　网络架构的设计与管理

在高校计算机机房的整体构建中，网络架构的设计与管理是一个至关重要的环节。一个优良的网络架构不仅是实现高效数据传输和通信的基础，更是确保教学和科研活动顺畅进行的关键。鉴于此，本节将专注于网络架构的设计与管理在高校计算机机房环境中的应用和实践。考虑到高校计算机机房通常需要满足多样的需求，包括但不限于教学、科研、数据分析和远程学习，因此网络架构的设计要兼顾到这些多元化的使用场景。此外，安全性和可扩展性也是设计过程中必须重点考虑的要素。有效的网络管理则是确保这一切能够和谐运行的关键，包括日常的网络维护、安全防护以及故障恢复等方面。

本节将介绍如何选择合适的网络拓扑结构，以适应不同的数据流和通信需求。与此同时，有线与无线网络的设计原则和最佳实践也是本节的重要内容。在现代计算机网络越来越复杂的背景下，如何管理虚拟网络与物理网络，以及如何进行网络的扩展与升级，也是本节将详细解答的问题。

一、网络拓扑选择与设计

在高校计算机机房中，网络拓扑的选择与设计是实现高效和可靠数据传输的基础。选择合适的网络拓扑模式不仅可以提高数据传输效率，还有助于优化网络资源的利用和降低维护成本。

星型、环型、总线型和网状型是常见的网络拓扑结构，每种拓扑都有其独特的优点和局限性。例如，星型网络拓扑因其中心化的特点，易于管理和扩展，但也更容易受到单点故障的影响。而环型网络拓扑则适用于数据传输量相对较小、节点数量有限的场景。考虑到高校计算机机房通常需要支持大量用户和复杂的数据交互，混合型网络拓扑，即将多种基础拓扑结合起来，通常是一种更加灵活和可扩展的解决方案。

当涉及网络拓扑的设计时，需要基于多种因素进行综合评估。这些因素包括预期的用户数量、数据流量、网络可用性需求以及预算等。对这些因素进行详细的需求分析后，可以更准确地确定适用的网络拓扑模式，以及所需的网络设备和连接方式。例如，如果机房主要用于大规模数据分析和科学计算，那么可以选择一个高带宽、低延迟的网状或星型网络结构。如果预算有限，但还需要满足基本的数据传输和通信需求，那么总线型或环型网络拓扑则是一个经济实用的选择。

除了基础的网络结构设计，还需要考虑到网络的可靠性和冗余性。为防止单点故障，通常会在关键节点或连接上设置备份路径。同时，还需要实施一系列的网络管理和维护措施，以确保网络的长期稳定运行。例如，定期的网络性能检测、故障排除以及软硬件的更新和升级。

为应对未来可能出现的网络需求变化和技术更新，网络拓扑的设计还应具有一定的灵活性和可扩展性。这不仅意味着在物理布局上留有足够的空间以便于未来扩展，还包括在网络管理软件和硬件设备上采用模块化和标准化的设计，以便于未来升级和扩展。

二、有线与无线网络设计

在高校计算机机房的网络设计中，有线与无线网络通常都会被综合考虑，以便最大限度地满足用户需求和提供高效、可靠的数据传输服务。有线网络由于其稳定性和高带宽特点，通常被用于连接固定工作站、服务器和其他关键网络设备。无线网络则因其灵活性和便捷性，更适用于移动设备和临时的网络连接需求。

有线网络的设计需要关注几个关键因素。带宽是其中最重要的一个，它直接关系到数据传输速度和网络性能。高负载应用，如大规模数据分析和高性能计算，通常需要高带宽和低延迟的网络环境。因此，在选择网络交换机和路由器时，需要特别关注这些设备的数据处理能力和传输速度。同时，为了确保网络的可靠性，有线网络通常会采用双绞线或光纤作为传输介质，并在关键路径上设置冗余连接。

无线网络的设计则更加注重覆盖范围和用户接入性。在计算机机房这样的封闭环境中，无线信号可能会受到多种因素的干扰，如墙体、设备和其他无线网络。因此，需要精心进行无线接入设备布局和频段选择，优化信号覆盖和减少干扰。无线网络的安全性也是一个不可忽视的问题。与有线网络相比，无线网络更容易受到未授权访问和数据截取的威胁。因此，需要采用多层的安全措施，如保护无线电脑网络安全系统 3（wi-fi protected access 3，WPA3）加密和用来定义网络设备的位置（media access control address，MAC 地址）过滤，以保护数据传输的安全。

有线与无线网络虽然各有优缺点，但在实际应用中，通常会被结合使用以形成一个更加完善和灵活的网络环境。例如，有线网络可以作为无线网络的"后端"，提供与互联网和内部网络的高速连接，而无线网络则作为"前端"，方便用户随时随地进行数据访问和交互。为了实现有线与无线网络的无缝集成，还需要进行一系列的网络配置和优化工作，包括虚拟局域网（virtual local area network，VLAN）设置、IP 地址分配和路由选择等。

有线与无线网络在高校计算机机房中各有其独特的应用场景和设计考虑。通过合理的网络设计和配置，不仅可以提供高效、稳定的数据传输服务，还可以满足不同用户和应用场景的多样化需求。

三、虚拟网络与物理网络管理

在高校计算机机房环境中，虚拟网络与物理网络并行运行，各自负责不同但互补的任务。物理网络主要侧重于硬件和传输介质，为数据传输提供物理通道。它包括交换机、路由器、网线等组成的复杂系统，为所有在网络上运行的服务和应用提供基础支持。相对于物理网络，虚拟网络更加灵活和可配置，允许更高级的网络管理功能，包括但不限于资源隔离、数据流控制和安全性增强。

物理网络通常是稳定且性能可靠的，但也相对僵化，难以适应快速变化的网络需求。比如，在物理网络中增加一个新的子网或调整现有网络结构，通常需要重新配置硬件和软件，这个过程既耗时又容易出错。相比之下，虚拟网络通过 SDN 或网络虚拟化技术，允许管理员进行这些操作，甚至可以实时地调整网络配置以适应不断变化的工作负载。

由于虚拟网络运行在物理网络之上，因此受限于物理网络的性能和可靠性。如果物理网络出现故障或性能瓶颈，其同样会受到影响。因此，在管理虚拟网络时，仍然需要密切关注物理网络的状态，并及时进行优化和调整。例如，监控网络流量、诊断故障、优化带宽使用等。

安全性也是虚拟网络与物理网络管理中需要重点考虑的问题。物理网络通过各种硬件设备来实现安全防护，如防火墙、入侵检测系统等。而虚拟网络则更侧重于软件层面的安全机制，如数据加密、访问控制列表和身份验证等。虽然这两种安全机制各有优缺点，但在实际应用中，通常会结合使用以实现最佳的安全效果。

最后，从管理和维护的角度来看，虚拟网络与物理网络各有其特点和难点。物理网络通常需要专业的网络工程师进行维护，而虚拟网络则更依赖软件和配置，因此更适合由具有一定编程和系统管理经验的人员进行管理。

四、网络的扩展与升级

在高校计算机机房的网络管理中，网络扩展与升级是一项常态化而又必要的工作。学校信息系统的需求会随着时间和技术发展而变化，比如新开设的专业可能需要特定的网络资源，或者随着学校规模的扩大，原有的网络结构可能无法满足日益增长的数据传输需求。因此，要确保网络系统始终处于最佳状态，持续的扩展和升级就显得尤为重要。

网络扩展通常涉及增加更多的硬件设备，如交换机、路由器和服务器，或者部署新的子网以连接更多的终端设备。在进行网络扩展时，要考虑与现有网络结构的兼容性，以及如何在不影响现有服务的前提下完成扩展工作。这一点需要深思熟虑的规划和精确的实施，以避免出现网络中断或数据丢失等问题。

与网络扩展相比，网络升级更多的是软件层面的工作，主要目的是提高网络性能或增加新的功能。常见的网络升级任务包括更新操作系统、升级网络管理软件和优化网络配置等。在进行网络升级时，除了要确保与原有系统的兼容性，还需要进行全面的测试，以确保新的配置或软件不会导致系统不稳定或其他未预见的问题。

无论是网络扩展还是升级，都不能忽视其中的安全因素。新添加的硬件或软件都可能带来潜在的安全风险，因此在进行扩展或升级的过程中，要做好全面的安全评估，并采取必要的安全措施。例如，数据加密、访问控制和网络监控等。

同时，扩展与升级工作通常需要一定的预算支持，这也是网络管理员在规划过程中需要考虑的重要因素。除了硬件和软件的购买成本，还可能涉及人力和时间成本，比如需要培训员工以适应新的网络环境或管理系统。因此，在进行网络扩展与升级时，要做好全面的成本评估，并根据学校的财务状况来制订合适的预算计划。

总体来说，网络的扩展与升级是一个复杂而细致的过程，涉及多个方面的考量和准备。但只有通过不断的更新和优化，才能确保高校计算机机房的网络系统能够适应不断变化的需求，为学校的教学和科研工作提供持续、稳定的支持。

第二节　网络安全的保障

在高校环境中，计算机机房不仅是学术研究和教学的重要场所，也可能储存大量的敏感或有价值的数据。因此，高校计算机机房面临着多种潜在的网络安全风险，这些风险可能来源于自然灾害、人为失误、恶意软件、黑客攻击等。网络的威胁对高校计算机机房来说是一个不容忽视的问题。自然灾害如火灾、洪水或地震会导致硬件损坏，甚至是数据丢失。除了自然灾害，人为失误也是一个重大问题。软件更新不及时或配置错误都可能导致系统的安全漏洞，从而让黑客有机可乘。

资源共享与开放标准技术虽然提高了系统的可用性和功能性，但也为潜在攻击者提供了更多的攻击途径。高校计算机机房通常需要多用户共享资源，这就要求必须有一个严格的访问控制机制。不当的设置或管理可能导致未授权用户访问到敏感信息。因此，正确的系统配置和规范的操作流程是防止因资源共享而导致安全事件的关键。在个人计算机方面，由于高校环境内有大量的学生和教职员工使用计算机，他们可能不总是有足够的安全意识，不慎选择简单口令或将账号密码告知他人等都可能导致安全风险。

在高校计算机机房的网络环境中，不安全因素众多，具体表现在以下几个方面。首先，操作系统的安全性问题是一个显而易见的漏洞。目前流行的多数操作系统，如 Unix 和 Windows 系列，都存在一定程度的安全漏洞。这些漏洞可能被用户恶意利用，从而对高校机房的网络环境造成威胁。其次，网络协议也是一个重要的安全考虑因素。大型网络系统中运行的多种网络协议，如传输控制协议／互联网协议（transmission control protocol/internet protocol，TCP/IP）、互联网络数据包交换／序列分组交换协议（internet work packet exchange/sequenced packet exchange protocol, IPX/SPX) 等,并没有专为安全通信而设计。这些协议的缺陷可能被攻击者利用,从而突破网络的安全防线。再次,尽管防火墙通常被视为网络安全的第一道防线,但其自身的安全性也可能存在问题。不恰当的配置或漏洞都可能导致防火墙失效,从而使整个网络暴露于风险之中。内部网用户的安全性也不能忽视。如果网络的管理制度不健全,或者缺乏有效的日常维护和用户权限管理,那么即使是内部用户也可能成为安全风险的来源。另外,应用软件的维护也是一个容易被忽视的问题,不及时更新和修补应用软件也可能导致安全风险。缺乏有效的手段来认证和监视网络系统的安全性也是一个大问题。随着网络技术的快速发展,传统的安全措施可能已经跟不上时代的步伐,需要更先进的解决方案来应对新出现的威胁。此外,应用服务的安全性也是值得关注的问题。许多应用服务系统在设计时没有充分考虑访问控制和安全通信,这会进一步增加网络环境的安全风险。最后,人们往往忽视由黑客、病毒和计算机犯罪所造成的严重后果。由于缺乏必要的安全意识和投入,这些外部威胁很容易对网络环境造成破坏。综合这些因素,高校计算机机房的网络安全形势相当严峻。因此,需要通过多维度的安全措施,如技术防护、管理制度等,来全面提升网络的安全性。只有这样,才能在日益复杂的网络环境中保障数据和资源的安全。

一、网络安全技术

(一)认证技术

在高校计算机机房网络安全中,认证技术扮演了不可或缺的角色,是构建安全网络体系的基石之一。认证过程主要针对网络参与者,也就是某一实体,进行身份鉴别和确认,以确保其是否符合系统或网络对其预设的安全要求。最主要的认证方式有三种,分别是口令认证、数字签名和认证中心。

口令认证是最基础也是最直观的认证方式。每个用户拥有一个独特的标识或口令，在尝试进入系统或网络之前，需要先提供这个标识或口令以供系统验证其合法性。虽然口令认证方式价格低廉、实施方便，并且用户界面友好，但其安全性相对较弱。这是因为人们在设置口令时往往选择易于记忆但也容易被猜测的信息，比如生日、姓名或电话号码等。

数字签名则是一种更高级的认证方式，它主要用于在线信息交换中防止信息伪造。数字签名技术以加密算法为基础，通过对信息进行加密和解密操作来生成或确认数字签名。这样一来，接收方可以确认发送方的真实身份，而发送方也无法否认其发送过的信息。同时，除非是发送方，否则无人能够篡改或伪造这些信息。数字签名可以分为私人密钥法和公用密钥法两种。私人密钥法即对称密钥加密，其中发送方和接收方使用相同的密钥进行信息加密和解密。而在公用密钥法或非对称密钥法中，加密和解密使用的是两个不同的密钥，且从加密密钥不能推算出解密密钥。

认证中心，是一个专门负责发放和管理数字证书的权威机构。在大型网络环境中，认证中心通常有多个层级，就像行政机构一样，上级认证中心负责签发和管理下级认证中心的数字证书，而最下级的认证中心则直接服务于终端用户。

综合这些认证技术，高校计算机机房可以构建一个多层次、全方位的网络安全体系，有效防范各种网络安全威胁，确保数据和资源的安全性。

（二）防火墙技术

防火墙是一个安全系统，通常部署在内部和外部网络交界处，常见于路由器或专用计算机之间。它的主要职能是连接内部局域网和外部互联网，同时使用各种技术如隔离、过滤和封锁来阻止未授权的信息访问。简而言之，防火墙作为内外网络间的安全壁垒，其目的是避免被他人控制和潜在危险的入侵行为，如黑客攻击、病毒传播、资源窃取或文件篡改等。

　　防火墙具有筛选网络通信包的功能，并只允许对安全的数据分组进行转发。通过这样的方式，它可以监控、限制甚至修改穿越防火墙的数据流。这样做不仅能够保护网络内部的信息内容和结构不被外界窥探，还能够维护网络运行的整体安全状况。这就是防火墙如何实施网络安全保护的基本架构。防火墙结构如图 4-1 所示。

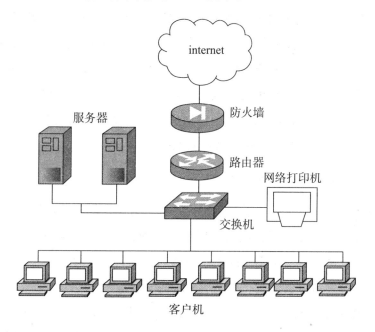

图 4-1　防火墙结构

　　防火墙是网络安全的重要组成部分，它集成了访问控制、安全规则和防侵入措施，提供一道防线，阻止未经授权的访问和潜在的攻击。防火墙通常分为分组过滤防火墙和基于代理的防火墙两种主要类型。

　　分组过滤防火墙是一种比较基础的防火墙形式，它主要依据网络层和传输层的头部信息来判断每一个数据分组是否应该被允许穿越网络。这类防火墙使用一个过滤表，里面记录了一系列规则，用以决定哪些分组应该被转发，哪些应该被拦截。然而，分组过滤防火墙在处理需要涉及应用层信息的复杂情况时，常常显得力不从心，因为它只能基于网络层和传输层的信息来做决策。

与分组过滤防火墙相比，基于代理的防火墙提供了更高级别的安全性。这种防火墙通常安装在用户计算机和目标服务器之间的代理服务器上。当用户发出一个请求时，这个代理防火墙首先接收到这个请求，然后在应用层级别检查请求中的报文是否符合安全规定。如果报文合规，则代理服务器会代表用户，将这个请求转发给真正的目标服务器；如果不合规，则请求会被丢弃，并可能返回一个错误消息给请求的发起者。

这样，基于代理的防火墙不仅能有效地控制网络层和传输层的数据流，还能在应用层进行更为细致的安全检查，大大增强了网络的整体安全性。综合来看，防火墙是一个多层次、多角度的网络安全机制，能够根据不同场景和需求提供相应级别的保护。

（三）黑客文化和黑客技术

黑客文化与技术代表了数字时代一个引人注目的现象。虽然"黑客"这个词原来指的是高级技能的程序员，但现在它更多地被用来描述那些非法侵入或破坏计算机系统的人。黑客通常拥有深入的软件和硬件知识，并通过各种创新方法来检查和挑战系统的安全性。

与黑客文化相对应，黑客技术已经成为网络安全的一个重要方面。其实，发展和理解黑客技术有助于更有效地设计和实施网络防护措施。这些技术经常是双刃剑，可以用于攻击，也可以用于防御。黑客常用的攻击手段包括"放炸弹"、密码窃取和利用木马软件。为了对抗这些攻击，一般采用多种安全措施，如设置防火墙、密码保护和反木马软件等。

二、网络病毒

网络病毒是另一个需要密切关注的安全问题。这些恶意程序具有高度的传染性、流行性和繁殖能力，不仅能对单台计算机造成损害，还能对整个网络系统造成严重影响。黑客经常利用网络和系统中存在的安全漏洞来释放这些病毒。

服务器安全是网络安全的核心。服务器是整个网络系统的中心，其安全性直接影响整个网络的安全。因此，防范网络病毒的一个重要措施就是确保服务器的安全。这通常通过防火墙来实现。根据物理特性，防火墙分为硬件防火墙和软件防火墙两大类。

硬件防火墙通常是单独的设备，安装在路由器或计算机之间，用于过滤进出的网络流量。软件防火墙则是安装在服务器或个人计算机上的程序，用于同样的目的。例如，Windows Server 2008 自带有 Internet 连接防火墙功能。这是一种状态防火墙，可以监控所有通过它的通信。它会检查每一条信息的源地址和目的地址，以决定是否允许该信息通过。启动后，防火墙会自动拦截所有未经请求的、来自因特网（Internet）的连接。

防火墙使用 NAT 来验证网络内或本地主机的入站请求。它通过保存一个表格来跟踪所有从本机发出的 IP 地址、端口、服务等信息。当一个入站 IP 数据包到达时，防火墙会检查这个表格，如果找到与之匹配的记录，就会允许数据包通过；否则，数据包将被丢弃。

启用 Windows Server 2008 内置的防火墙非常简单。首先，点击桌面左下方的"开始"按钮，然后在弹出的对话框中选择"控制面板"。在"控制面板"的对话框中，找到并点击"系统和安全"，然后选择"Windows 防火墙"。接着，点击左侧菜单栏的"打开或关闭 Windows 防火墙"。最后，只需点击"启用 Windows 防火墙"前的选项框，再点击"确定"按钮，防火墙就会启动，从而提供额外的网络保护。

总体来说，黑客文化和技术、网络病毒以及各种防护措施都是网络安全领域中不可或缺的元素。而在这个日益数字化的世界中，了解和应对这些元素是每个人、每个组织都应该掌握的基本知识。通过综合应用各种安全技术和策略，能更有效地保护自己和他人不受网络威胁的侵害。

在数字化世界中，网络安全已经成为不可忽视的重要议题，尤其是当涉及黑客攻击、网络病毒和各种安全威胁时。为了解决这一问题，采用了多种防护措施，其中包括防火墙和防病毒软件。

（一）防火墙

防火墙是第一道防线，它通过控制哪些数据包可以进入或离开系统，从而保护个人电脑或服务器免受未经授权的访问。防火墙可以分为硬件和软件两种形式。硬件防火墙通常部署在路由器或与计算机网络相连的其他设备上，而软件防火墙则安装在个人电脑或服务器上。

例如，Windows Server 2008 内置了一款软件防火墙——Internet 连接防火墙。它使用一种称为 NAT 的技术，以识别和授权或拒绝进入系统的数据包。一旦启动，防火墙会阻止所有未经请求的外部访问，确保只有经过验证的请求能够到达目的地。启动这个防火墙的过程虽然简单，但其重要性不容小觑。这个防火墙能有效地阻止未经授权的访问，增强网络的整体安全性。

启动后，防火墙会禁止所有来自 Internet 上未经请求的连接。防火墙使用 NAT 来验证访问网络或本地主机的入站请求，如果网络通信不是来自受保护的网络内，或者没有创建任何端口映射，入站数据就会被丢弃。在这里，防火墙是通过保存一张表格，来记录所有自本机发出的 IP 地址、端口、服务及其他一些数据，从而达到保护本机的目的。当一个 IP 数据包进入本机时，防火墙会检查这个表格，看到达的这个 IP 数据包是不是本机所请求的，如果是就让它通过，如果在这个表格中没有找到相应的记录就抛弃这个 IP 数据包。

（二）防病毒软件

防病毒软件也是保护系统安全的重要工具，特别是对于那些容易受到病毒、恶意软件或其他软件攻击的系统。市场上有各种各样的防病毒软件，如小红伞、卡巴斯基、迈克菲（McAfee）、诺顿杀毒软件（Norton

Antivirus）、360 杀毒、瑞星、腾讯电脑管家和金山毒霸等。

这些防病毒软件可分为企业版和家庭版。企业版更侧重于中央管理，允许管理员从一个中央控制台管理整个网络的安全性，而家庭版则更适用于个人用户。

防病毒软件的功能可分为以下几类。

（1）杀毒管理：几乎所有防病毒软件都提供实时监控和病毒扫描功能，能够有效地识别和清除各种类型的病毒。

（2）集中管理：企业版防病毒软件通常提供集中管理功能，允许管理员远程配置和更新软件，这在大型网络环境中尤为重要。

（3）安全性：除了基础的病毒防护功能外，很多防病毒软件还提供了用户认证和数据加密等增强安全性的功能。

（4）易用性：软件的用户界面设计和本地化也是选择防病毒软件时需要考虑的因素。例如，360 杀毒的用户界面设计简洁明了，易于理解和操作。

总体而言，个人防火墙和防病毒软件都是维护网络安全的有效工具。它们各有特点和优势，但最终目的都是保护用户免受网络威胁。因此，了解如何有效地使用这些工具，并根据自己的需求做出合适的选择，是每个网络用户和管理员应当掌握的基础知识。

（三）其他安全性措施

可以通过限制网络适配卡所使用的协议数量，以及减少服务器上运行的"服务"程序的数目，来提高系统的安全性和降低管理失误的概率。

1. 选择合适的网络协议

为网络选择通信协议时，应综合比较网络规模、网络间的兼容性和网络管理等多个要素，并遵循以下的原则。

（1）所选协议应与网络结构和功能相一致

如果网络中存在多个网段或要通过路由器相连时，就不能使用不具备路由、跨路由和跨网段操作功能的 NetBios 增强用户接口（NetBios enhanced user interface，NetBEUI）协议，而必须选择 IPX/SPX 或 TCP/IP 等协议。另外，对于不与外部连接的、小型的、单网段的网络，最好使用 NetBEUI 通信协议。对于从 NetWare 迁移到 Windows NT 的网络，或 NetWare 与 Windows NT 共存的网络，选择 IPX/SPX 及其兼容协议，无疑可提供一个比较理想的传输环境。如果是游戏机房，则最好安装 NWLink、IPX/SPX、NetBIOS 兼容传输协议，因为许多网络游戏用其实现联机。一般而言，一个高效率、可互联、可扩展性的网络，TCP/IP 将是理想的选择。

（2）注意协议的版本

每个协议都有它的发展和完善过程，因而出现了不同的版本，每个版本的协议都有它最为合适的网络环境。从整体来看，高版本协议的功能和性能要比低版本的好。因此，在满足网络功能要求的前提下，应尽量选择高版本的通信协议。

（3）协议的一致性

如果要让两台实现互联的计算机间进行对话，两者使用的通信协议必须相同，否则中间还需要一个"翻译"进行不同协议的转换，这样不仅影响通信速度，也不利于网络的安全和稳定运行。

2.删除不需要的服务

许多服务器运行远程用户通过远程登录协议（teletype network，Telnet）方式登录，并且可以在控制台上进行一系列的操作，如加载或卸载模块、安装和删除软件等。事实上，服务器在方便管理员远程管理的同时，也给非法用户的访问和控制带来了可乘之机。因此，可通过关闭某些不必要的服务或将某些服务设置为"手动"开启，当需要时重新启动，具体操作方法如下。

（1）执行"控制面板"—"管理工具"—"服务"操作，即可打开系统"服务"窗口。窗口右侧详细显示了 Windows Server 2008 提供的所有服务，其"状态栏"项标明为"已启动"字样的为目前正在提供的服务。"启动类别"项有三种情况：第一种为"自动"，表明该项服务随计算机启动后自动启动；第二种为"手动"，表明只有通过管理员操作才能启动的服务；第三种是"已禁用"，表明该项服务已终止。

（2）查找并用鼠标左键双击欲启动的服务，在弹出的"Telnet 的属性"对话框中的"启动类型"下拉列表框中选择"手动"或"自动"命令，鼠标左键单击"确定"按钮以保存所做的修改。

（3）禁用不需要的端口。所有网络攻击都必须借助端口才能完成，因此开放的端口数量越少，服务器也就越安全。

三、漏洞扫描技术

漏洞扫描技术是一类重要的网络安全技术。漏洞扫描技术与防火墙、入侵检测系统互相配合，能够有效提高网络的安全性。通过对网络的扫描，网络管理员可以了解网络的安全配置和运行的应用服务，及时发现安全漏洞，客观评估网络风险等级。网络管理员可以根据扫描的结果更正网络安全漏洞和系统中的错误配置，在黑客攻击前进行防范。如果说防火墙和网络监控系统是被动的防御手段，那么安全扫描就是一种主动的防范措施，可以有效地避免黑客攻击行为，做到防患于未然。

漏洞扫描可以划分为 ping 扫描、端口扫描、OS 探测、脆弱点扫描、防火墙规则扫描以及 Banner 六种主要技术，每种技术实现的目标和运用的原理各不相同。按照 TCP/IP 协议簇的结构，ping 扫描工作在网络层，端口扫描、防火墙扫描工作在传输层，OS 探测、脆弱点扫描工作在网络层、传输层、应用层。ping 扫描确定目标主机的 IP 地址，端口扫描探测目标主机所开放的端口，然后基于端口扫描的结果，进行 OS 探测和脆弱点扫描。

（一）ping 扫描

ping 扫描用于检测目标主机的 IP 地址是否可达。ping 扫描的目的是验证目标机器在 TCP/IP 网络中是否处于活动状态，也就是说，目标的 IP 地址是否被分配给了一个在线的主机。对于那些对目标网络一无所知的攻击者来说，ping 扫描通常是他们进行漏洞分析和入侵活动的初始步骤。对于熟悉网络 IP 结构的网络安全专家，ping 扫描也是一个有用的工具，能准确地定位哪些 IP 地址已经被分配给在线主机。从技术角度看，ping 扫描主要依赖互联网控制报文协议（internet control message protocol, ICMP）进行操作。它的基础概念是创建一个 ICMP 数据包，然后发送到目标主机。根据收到的响应，就可以确定该主机是否在线。这种扫描一般分为 ECHO 扫描和 non-ECHO 扫描两种类型，它们的主要区别在于所使用的 ICMP 包类型。

1. ECHO 扫描

向目标 IP 地址发送一个 ICMP ECHO REQUEST（ICMP type 8）的包，等待是否收到 ICMP ECHO REPLY（ICMP type 0）。如果收到了响应，就表示目标 IP 上存在主机，否则就说明没有主机。值得注意的是，如果目标网络上的防火墙配置为阻止 ICMP ECHO 流量，ECHO 扫描不能真实反映目标 IP 上是否存在主机。

此外，如果向广播地址发送 ICMP ECHO REQUEST，网络中的 Unix 主机会响应该请求，而 Windows 主机不会生成响应，这也可以用来进行 OS 探测。

2. non-ECHO 扫描

向目标 IP 地址发送一个 ICMP TIME STAMP REQUEST (ICMP type 13)，或 ICMP ADDRESS MASK REQUEST (ICMP type 17) 的包，根据是否收到响应，可以确定目标主机是否存在。当目标网络上的防火墙配置为阻止 ICMP ECHO 流量时，则可以用 non-ECHO 扫描来进行主机探测。

（二）端口扫描

端口扫描是用于识别主机开放哪些特定的网络端口的技术。例如，端口 23 通常与 Telnet 服务关联，端口 21 用于文件传送协议（file transfer protocol，FTP），而端口 80 则是 HTTP 的默认端口。通常来说，端口扫描主要关注端口是否可以访问，并不进一步深入分析数据流，因此这种方法特别适用于大规模网络的快速概览。可以对给定的 IP 地址进行特定端口范围的扫描，或者针对特定端口扫描一系列 IP 地址。虽然这种扫描方法较初级，并且准确性不如更高级的扫描技术，但对于进行大规模网络评估来说，它仍然具有一定的价值。

根据端口扫描使用的协议，可分为 TCP 扫描和用户数据报协议（user datagram protocol，UDP）扫描。

1. TCP 扫描

主机间建立 TCP 连接分三步（也称三次握手）。利用三次握手过程与目标主机建立完整或不完整的 TCP 连接。根据 TCP 连接的方式，TCP 扫描可以分为以下几种方式。

（1）TCP connect 扫描

TCP 的报头里，有 6 个连接标记，分别是 urg、ack、psh、rst、syn、fin。通过这些连接标记不同的组合方式，可以获得不同的返回报文。例如，发送一个 syn 置位的报文，如果 syn 置位瞄准的端口是开放的，syn 置位的报文到达的端口开放的时候，它就会返回 syn+ack，代表其能够提供相应的服务。用户收到 syn+ack 后，返回给对方一个 ack。这个过程就是著名的三次握手。这种扫描的速度和精度都是令人满意的。

（2）Reverse-Ident 扫描

这种技术利用了 Ident 协议（即 RFC1413)，该协议中 TCP 端口为 113。

标识符（Identifier）的操作原理是查找特定 TCP/IP 连接并返回拥有此连接进程的用户名。它也可以返回主机的其他信息。但这种扫描方式只能在 TCP 全连接之后才有效，实际上，很多主机都会关闭 Ident 服务。

（3）TCP syn 扫描

向目标主机的特定端口发送一个 syn 包，如果端口没开放就不会返回 syn+ack 包，这时会发送一个 rst 包，停止建立连接。由于连接没有完全建立，所以称为半开放扫描。但由于 syn flood 作为一种分布式拒绝服务（distributed denial of service，DDoS）被大量采用，因此很多防火墙都会对 syn 报文进行过滤，所以这种方法并不能总是有用。

根据 TCP 连接的初始化流程，TCP 扫描可分为全连接与半连接扫描和隐蔽性扫描两大类。

①全连接与半连接扫描

全连接扫描是通过 TCP 的标准三次握手与目标主机建立一个完整的连接。这种连接通常会被目标主机的日志系统记录下来。与之不同，半连接扫描仅进行三次握手的前两步。在发送 syn 包并收到目标主机的 syn+ack 包后，扫描者会立即发送一个 rst 包来终止握手过程。因为这样并没有建立一个完全的 TCP 连接，所以目标主机的日志文件中可能不会记录这一事件。

②隐蔽性扫描

这类扫描基于 TCP 协议的工作原理，依据不同的标志位设置，可分为 SYN/ACK 扫描、FIN 扫描、Xmas 扫描和 NULL 扫描。

SYN/ACK 扫描和 FIN 扫描都跳过 TCP 三次握手的第一步，直接向目标端口发送 syn+ack 包或 fin 包。由于这并不符合标准的 TCP 连接建立流程，目标主机通常会回复一个 rst 包来重置连接。这种 rst 响应对扫描者来说是一个有效的信息，说明目标主机存在且其端口是关闭的。

Xmas 扫描和 NULL 扫描是两种相反的策略。Xmas 扫描在 TCP 包中设置所有可能的标志位，而 NULL 扫描则不设置任何标志位。

通过这些不同类型的 TCP 扫描方式，网络安全专家或攻击者可以更精确地探测目标网络的状态和安全漏洞。需要注意的是，这些扫描方法都可能触发安全警报或被防火墙拦截。

2. UDP 扫描

由于当前防火墙设备的流行，TCP 端口的管理状态越来越严格，不会轻易开放，并且通信监视严格。为了避免这种监视，达到评估的目的，就出现了秘密扫描。这种扫描方式的特点是利用 UDP 端口关闭时返回的 ICMP 信息，不包含标准的 TCP 三次握手协议的任何部分，隐蔽性好，但这种扫描使用的数据包在通过网络时容易被丢弃从而产生错误的探测信息。

UDP 扫描方式的缺陷很明显，即速度慢、精度低。UDP 的扫描方法比较单一，基础原理是：当你发送一个报文给 UDP 端口，该端口是关闭状态时，端口会返回一个 ICMP 信息，所有的判定都是基于这个原理。如果关闭的话，什么信息都不发。

UDP 扫描是在路由追踪（Traceroute）扫描的原理上演变而来的。路由追踪扫描面向 30000 以上的高端口（一般认为，主机的 30000 以上的高端口利用率非常低，任何主机都不会轻易开放这种高端口，默认都是关闭的）发送 UDP 数据包。如果对方端口关闭，会返回给 ICMP 信息，根据这个往返时间，计算跳数、路径信息，了解延时情况。这是 Traceroute 扫描的原理，UDP 扫描技术的也是从这个原理上演变出来的。

进行 UDP 扫描时需要注意以下几个重要的事项。

（1）状态和精度的问题

UDP 是一种无连接的协议，这意味着它不需要在发送或接收数据前建立一个连接。这个特性导致了 UDP 扫描的精度相对较低。因为 UDP 是不面向连接的，它不保证数据包的到达顺序，也不保证数据包一定会到达。这使得利用 UDP 进行扫描时，很难确定一个没有响应的端口是真的关闭了，还是因为 UDP 包丢失或被过滤了。

（2）扫描速度慢

与 TCP 扫描相比，UDP 扫描速度相对较慢。例如，TCP 扫描可能只需要 1 秒的延时，而 UDP 扫描可能需要 2 秒或更长时间。这是因为不同的操作系统在实现 ICMP 协议时会设定一个峰值速率限制，以避免广播风暴。ICMP 协议通常不用于传输有效负载数据，因此为了避免广播风暴，操作系统通常会对 ICMP 报文的传输速率进行限制，不同的操作系统会有不同的速率限制。这种速率限制会对基于 UDP 的扫描产生较大的影响，从而影响扫描的精度和延时。

UDP 扫描通常用来探测目标主机的开放端口。尽管 UDP 扫描相对于 TCP 扫描在速度和精度上有劣势，但仍然是非常必要的，因为有一些服务只使用 UDP 协议。例如，DNS 服务通常使用 UDP 协议的 53 端口。

综合考虑，UDP 扫描是一个必要的但比较棘手的过程。在进行 UDP 扫描时，需要考虑到其精度较低和速度较慢的特点，因此需要采取一些策略来提高扫描的效率，例如，增加扫描的重试次数，或者增加响应的超时时间。同时，也要注意可能会触发目标网络的安全警报或被防火墙拦截。UDP 扫描是网络安全评估的一个重要组成部分，需要仔细地计划和执行。

（三）OS 探测

OS 探测有双重目的：一是探测目标主机的 OS 信息，二是探测提供服务的计算机程序的信息。

1. 二进制信息探测

通过登录目标主机，从主机返回的 banner 中得知 OS 类型、版本等，这是最简单的 OS 探测技术。

2. HTTP 响应分析

在和目标主机建立 HTTP 连接后，可以分析服务器的响应包得出 OS 类型。

3. 栈指纹分析

网络上的主机都会通过 TCP/IP 或类似的协议栈来互联互通。由于 OS 开发商不唯一，系统架构多样，甚至是软件版本的差异，都导致了协议栈具体实现上的不同。对错误包的响应，默认值等都可以作为区分 OS 的依据。可辨识的 OS 的种类，包括操作系统类型，甚至小版本号。指纹技术有主动和被动两种。

（1）主动栈指纹探测

主动栈指纹探测是主动识别技术，采用主动发包，利用多次的试探，一次一次筛选不同信息。例如，根据 ack 值判断，有一些系统会发送回所确认的 TCP 分组的序列号，有一些操作系统会发回序列号加 1，有一些操作系统会使用一些固定的 TCP 窗口，还有一些操作系统还会设置 IP 头的 DF 位来改善性能，这些都成为判断的依据。这种技术判定 Windows 的精度比较差，只能够判定一个大致区间，很难判定出其精确版本。目标主机与源主机跳数越多，精度越差。因为数据包里的很多特征值在传输过程中都已经被修改或模糊化，会影响到探测的精度。

① fin 探测

跳过 TCP 三次握手的顺序，给目标主机发送一个 fin 包。RFC793 规定，正确的处理是没有响应，但有些 OS，如 MS Windows、CISCO、HP/UX 等会响应一个 rst 包。

② Bogus 标志探测

某些 OS 会设置 fin 包中 TCP 头的未定义位 (一般为 64 或 128)，而某些 OS 在收到设置了这些 Bogus 位的 syn 包后，会重置连接。

③统计 ICMP ERROR 报文

RFC1812 中规定了 ICMP ERROR 消息的发送速度。Linux 设定了目标不可达消息上限为 80 个 /4 秒。OS 探测时可以向随机的高端 UDP 端口大量发包，然后统计收到的目标不可达消息。用此技术进行 OS 探测时间会长一些，因为要大量发包，并且还要等待响应，同时可能出现网络中丢包的情况。

④ ICMP ERROR 报文引用

RFC 文件中规定，ICMP ERROR 消息要引用导致该消息的 ICMP 消息的部分内容。例如，对于端口不可达消息，某些 OS 返回收到的是 IP 头及后续的 8 个字节，Solaris 返回的 ERROR 消息中引用的内容更多一些，而 Linux 比 Solaris 还要多。

（2）被动栈指纹探测

被动栈指纹探测是被动识别技术，不是向目标系统发送分组，而是被动监测网络通信，以确定所使用的操作系统。其原理是：对报头内 DF 位、TOS 位、窗口大小、TTL 的嗅探判断。因为并不需要发送数据包，只需要抓取其中的报文，所以叫作被动识别技术。

（四）脆弱点扫描

从对黑客攻击行为的分析和脆弱点的分类，绝大多数扫描都是针对特定操作系统中特定的网络服务来进行的，即针对主机上的特定端口。脆弱点扫描使用的技术主要有基于脆弱点数据库的扫描和基于插件的扫描两种。

1.基于脆弱点数据库的扫描

首先构造扫描的环境模型，对系统中可能存在的脆弱点、过往黑客攻击案例和系统管理员的安全配置进行建模与分析。其次基于分析的结果，生成一套标准的脆弱点数据库及匹配模式。最后由程序基于脆弱点数据库及匹配模式自动进行扫描工作。脆弱点扫描的准确性取决于脆弱点数据库的完整性及有效性。

2.基于插件的扫描

插件是由脚本语言编写的子程序模块，扫描程序可以通过调用插件来执行扫描。添加新的功能插件可以使扫描程序增加新的功能，或者增加可扫描脆弱点的类型与数量。也可以升级插件来更新脆弱点的特征信息，从而得到更为准确的结果。还可以针对某一具体漏洞，编写对应的外部测试脚本。通过调用服务检测插件，检测目标主机 TCP/IP 不同端口的服务，并将结果保存在信息库中，然后调用相应的插件程序，向远程主机发送构造好的数据，检测结果同样保存于信息库，以给其他的脚本运行提供所需的信息，这样可提高检测效率。插件技术使脆弱点扫描软件的升级维护变得相对简单，而专用脚本语言的使用也简化了编写新插件的编程工作，使弱点扫描软件具有很强的扩展性。

（五）防火墙规则扫描

采用类似于 Traceroute 的 IP 数据包分析法，检测能否给位于过滤设备后的主机发送一个特定的包，目的是便于漏洞扫描后的入侵或下次扫描的顺利进行。通过这种扫描，可以探测防火墙上打开或允许通过的端口，并且探测防火墙规则中是否允许带控制信息的包通过，更进一步，可以探测到位于数据包过滤设备后的路由器。

（六）Banner

Banner 的方式相对精确，获取服务的 Banner 是一种比较成熟的技术，可以用来判定当前运行的服务，对服务的判定较为准确。而且不仅能判定服务，还能够判定具体的服务版本信息。

四、常见漏洞扫描程序

通常在制定漏洞扫描策略时，扫描者会考虑程序的可用性、可控性、易用性、准确性等因素。其中，程序的可用性是最重要的，也是最基本的，但是可控性和准确性同样不容忽视。

（一）Unix/Linux 平台

1. Hping

Hping 是一个基于命令行的 TCP/IP 工具，它在 Unix 上得到了很好的应用，可以运行于 Linux、FreeBSD、NetBSD、OpenBSD、Solaris 中。不过它并非仅仅是一个 ICMP 请求 / 响应工具，它还支持 TCP、UDP、ICMP、RAW-IP 协议等。Hping 一直被用作安全工具，可以用来测试网络及主机的安全，它有以下功能：

①防火墙探测；

②高级端口扫描；

③网络测试（可以用不同的协议、TOS、数据包碎片来实现此功能）；

④手工 MTU 发掘；

⑤高级路由（在任何协议下都可以实现）；

⑥指纹判断；

⑦细微 UPTIME 猜测 Hping，也可以被研究人员用来学习 TCP/IP，特点在于它能进行 ping 扫描、端口扫描、OS 探测、防火墙探测等多种扫描，并能自定义发送的 ICMP/UDP/TCP 包到目标地址并且显示响应信息。

2. icmpush&icmpquery

icmpush&icmpquery 的特点在于其完全应用了 ICMP 协议，可以定制 ICMP 包的结构及种类。扫描者可以用这套工具把目标网络的各个子网全部查找出来，从而可以撇开广播地址而集中扫描某几个特定的子网。

3. Xprobe 2

Xprobe 2 是专业的端口扫描、OS 探测程序，它的特点是自身的 OS 特征数据库详细，进行 OS 探测的可靠性较好。

4. THC-Anap

THC-Anap 是 OS 探测程序，它的特点是扫描速度快、扫描结果可靠。

5. Whisker

Whisker 是针对 CGI 脆弱点的探测程序，它应用了多线程、多文件扫描技术，脆弱点数据库更新频繁，对扫描结果自行复核，从而扫描结果可靠性好。这个工具通常也对 Web 服务器执行每一种可能的攻击，从而触发大量的警报和事件。

6. Nessus

Nessus 是脆弱点探测程序，它应用了主动扫描、高速扫描技术，可设置扫描过程。它的特点在于支持 DMZ 区及多物理分区网络的大范围扫描。采用客户 / 服务器体系结构，客户端提供了运行在 Windows 下的图形界面，接受用户的命令与服务器通信，传送用户的扫描请求给服务器端，由服务器启动扫描并将扫描结果呈现给用户。扫描代码与漏洞数据相互独立，Nessus 针对每一个漏洞有一个对应的插件，漏洞插件是用 NASL 编写的一小段模拟攻击漏洞的代码，这种利用漏洞插件的扫描技术极大地方便了漏洞数据的维护、更新。Nessus 具有扫描任意端口的能力，同时以用户指定的格式产生详细的输出报告，包括目标的脆弱点、怎样修补漏洞以防止黑客入侵。

7. Firewalk

Firewalk 是防火墙探测程序，它是使用类似 Traceroute 的技术来分析 IP 包的响应，从而测定网关的访问控制列表和绘制网络图的工具。Firewalk 使用类似路由跟踪的 IP 数据包分析方法，来测定一个特殊的数据包是否能够从攻击者的主机传送到位于数据包过滤设备后面的目标主机。这种技术能够用于探测网关上打开或允许通过的端口。更进一步来说，它能够测定带有各种控制信息的数据包是否能通过指定网关。

（二）Windows 平台

1. Pinger

Pinger 是一个图形化的 ping 扫描工具，它的特点是可以指定 ping 的 IP 地址，以图形的形式显示扫描结果，并保存在文本文件里。

2. Fport

Fport 是端口扫描程序，它的特点是可以把扫描出的端口与使用该端口的程序相匹配，扫描速度快，匹配程度较好，可以看到本机所有已经打开的端口和对应的应用程序及运行程序所在的目录位置，它是用于命令行界面的。

3. SuperScan

SuperScan 是一个功能强大的端口扫描工具，主要功能包括以下几个方面。

①通过 ping 扫描来检验 IP 是否在线。

② IP 和域名相互转换。

③检验目标计算机提供的服务类别。

④检验一定范围目标计算机是否在线和端口情况。

⑤工具自定义列表检验目标计算机是否在线和端口情况。

⑥自定义要检验的端口，并可以保存为端口列表文件。

⑦软件自带一个木马端口列表 trojans.Ist，通过这个列表可以检测目标计算机是否有木马，同时，也可以自己定义修改这个木马端口列表。

4. Gfilanguard

Gfilanguard 是脆弱点探测程序，它的特点是集成了网络审计、补丁管理功能，可以自动生成网络拓扑图、自动补丁管理。它主要解决漏洞管理的三大问题：通过一个集成控制台，进行安全扫描、补丁管理和网络审核；通过扫描整个网络，它能识别所有潜在的安全问题；另外，其广泛的报告功能为用户提供侦测、访问、报告与修正漏洞的工具。

五、规避技术

为达到规避防火墙和入侵检测设备的目的，ICMP 协议提供网络间传送错误信息的功能也成为主要的非常规扫描手段。其主要原理就是利用被探测主机产生的 ICMP 错误报文来进行复杂的主机探测。

常用的规避技术大致分为以下四类。

（一）异常的 IP 包头

向目标主机发送包头错误的 IP 包，目标主机或过滤设备会反馈 ICMP Parameter Problem Error 信息。常见的伪造错误字段为 Header Length 和 IP Options。不同厂家的路由器和操作系统对这些错误的处理方式不同，返回的结果也不同。

（二）在 IP 包头中设置无效的字段值

向目标主机发送的 IP 包中填充错误的字段值，目标主机或过滤设备会发送 ICMP Destination Unreachable 信息。这种方法同样可以探测目标主机和网络设备。

（三）通过超长波探测内部路由器

若构造的数据包长度超过目标系统所在路由器的 PMTU 且设置禁止分片标志，该路由器会发送 Fragmentation Needed and Don′t Fragment Bitwas Set 错误报文。

（四）反向映射探测

用于探测被过滤设备或防火墙保护的网络和主机。构造可能的内部 IP 地址列表，并向这些地址发送数据包。当对方路由器接收到这些数据包时，会进行 IP 识别并路由，对不在其服务范围的 IP 包发送 ICMP Host

Unreachable 或 ICMP Time Exceeded 错误报文。

（五）VPN 与远程访问

VPN 与远程访问在高校计算机机房中扮演着至关重要的角色。现代教学和研究活动越来越依赖高效、灵活且安全的网络环境，特别是在远程教学、分布式研究和数据共享等方面。通过 VPN，用户能在不同的地点通过加密通道访问学校内部网络，确保数据的完整性和机密性。

VPN 的使用不仅能够方便学生和教职工在校外进行高效工作，还有助于各个学科和研究小组之间进行资源共享。例如，图书馆电子资源、在线实验平台、内部数据库等，都可以通过 VPN 进行安全高效的访问。这不仅能减少物理空间和时间的限制，还能在一定程度上节省基础设施的建设和维护成本。

VPN 和远程访问也带来了一系列安全问题，如数据泄露、未经授权的访问以及各类网络攻击。因此，如何确保 VPN 和远程访问的安全性，成了一个必须面对的问题。解决这个问题通常需要结合多种技术和管理手段，如强认证机制、细致的权限控制、持续的安全监测等。

在认证方面，除了传统的用户名和密码认证之外，多因素认证（如手机短信、硬件令牌等）越来越受到重视。这样不仅能提高安全性，还能在一定程度上避免因个人疏忽导致的安全事件。同时，在权限控制方面，根据用户的不同角色和不同工作需求，可以设置不同级别的访问权限。例如，某些敏感或重要的资源只允许特定的用户或者 IP 地址访问。

持续的安全监测也是确保 VPN 和远程访问安全的关键环节。通过实时的流量监控和日志分析，可以及时发现异常行为或潜在威胁，从而采取相应的应急措施。而这一切，都需要依赖专业的安全团队和成熟的管理体系。

VPN 与远程访问的成功实施和管理，还需要考虑到用户体验和操作便利性。烦琐的认证过程或复杂的设置，都可能导致用户对这项技术的抵触，从而影响其推广和应用。因此，如何在保证安全的同时，提供简单易用的操作界面和流程，也是设计和部署 VPN 与远程访问时需要考虑的问题。

（六）数据传输加密

数据传输加密在高校计算机机房的网络安全中起着至关重要的作用。考虑到高校环境通常涉及大量敏感和私密数据，如学术研究、教学内容、个人信息等，安全性需求尤为突出。通过对数据进行加密处理，可以有效防止未经授权的访问和数据泄露，从而确保数据的完整性和机密性。

在现代网络传输中，加密技术主要应用于两个方面：一是在数据存储阶段对文件或数据库进行加密。二是在数据传输阶段对传输的数据包进行加密。尤其在数据传输过程中，由于网络环境的开放性和复杂性，加密技术成为一道重要的安全防线。常见的数据传输加密协议包括但不限于超文本传输安全协议（hypertext transfer protocol secure，HTTPS）和各种 VPN 协议。这些协议都有各自的优点和适用场景，但目标都是确保数据在传输过程中的安全性。

HTTPS，即超文本传输安全协议，是 HTTP 协议的安全版本。通过使用安全套接字层 / 传输层安全（secure socket layer/transport layer security，SSL/TLS）协议为数据传输提供了一层额外的安全保护。在教学和学术研究中，这意味着从在线图书馆获取的电子文献、提交的研究数据以及学生和教师之间的在线互动都可以得到有效的保护。

SSL 和 TLS 协议是安全套接字层和传输层安全协议，是网络安全的基石之一。这些协议不仅能为 HTTP 数据传输提供安全保证，还被广泛用于邮件服务、文件传输和即时通信等多种应用场景。它们能确保数据传输过程中的机密性和完整性，防止数据被截获或篡改。

VPN 也经常被用于确保数据传输的安全性，特别是在远程访问和数据共享场景中。通过建立一个加密的通道，VPN 能确保用户访问内部网络资源时的数据安全。与此同时，VPN 还能提供一定程度的匿名性和隐私保护。

但值得注意的是，加密技术并非万无一失。例如，若使用过时或者低强度的加密算法，或者在系统配置和管理中存在疏漏，都有可能成为安全隐患。因此，除了选择合适的加密协议和算法外，还需要定期进行安全评估和升级，以适应不断变化的安全需求和威胁。

数据传输加密的有效实施还依赖用户的安全意识和操作习惯。即便系统本身具有强大的加密能力，但如果用户因操作不当而泄露了解密密钥或其他敏感信息，那么加密措施也将变得毫无意义。

数据传输加密是高校计算机机房网络安全不可或缺的一环。它涉及多个层面的技术和管理问题，包括加密协议的选择、系统配置和维护，以及用户教育和培训。通过综合运用各种手段和技术，可以最大限度地确保数据传输的安全性，满足教学和科研活动中对数据安全的高标准需求。

（七）安全事件响应与处理

安全事件响应与处理是高校计算机机房网络安全管理的关键组成部分。网络安全事件，如未经授权的数据访问、系统入侵、恶意软件感染和各种形式的数据泄露等。当这些事件发生时，及时、有效的响应和处理不仅能减少损失，还有助于防止未来的安全威胁。

在高校计算机机房环境中，安全事件的种类和复杂性通常比较高，因为它们既涉及教职工和学生的日常学术活动，也涉及与外部网络的交互。这就需要有一个专业、系统化的安全事件响应机制，包括事件的识别、分析、定级、处置和后续审计等环节。

事件识别通常由监控系统完成，该系统会不断检测网络流量、系统日志和其他可用的信息源。一旦识别到可疑活动或明显的异常行为，就会立即触发预设的报警机制，通知相关人员进行进一步检查和确认。

确认发生安全事件后，紧接着需要对事件进行分析和定级。这一阶段的任务是判断事件的性质、范围和潜在影响，以便确定应对的紧急程度和资源投入。通常，事件会被分为低、中、高三个等级，不同等级的事件会触发不同级别的响应措施。

　　对于确定等级后的事件，接下来就是具体的处置阶段。这一阶段可能包括隔离受影响的系统、恢复被破坏或删除的数据、修改配置设置以防止再次发生相同类型的事件，以及与外部安全专家或执法部门合作。在整个处置过程中，要确保所有操作都有详细的记录和文档支持，以便进行后续的审计和复查。

　　事件处理完毕后，最后一个环节是审计和总结。除了分析事件发生的原因和疏漏，还需要评估响应和处理的有效性，以及整个事件对机构的影响和损失。这一阶段的信息会用于更新安全政策、改进响应流程和提高人员培训质量。

　　由于高校计算机机房通常涉及大量的用户和复杂的网络环境，因此，安全事件响应与处理既是一个技术问题，也是一个管理和人员问题。除了具备足够的技术实力，有效的事件响应还需要良好的组织协调、快速的决策能力和高度的责任心。这就要求不仅需要专业的安全团队，还需要高层管理人员和普通用户的支持。

第三节　网络故障的诊断与维护

　　在高校计算机机房的日常管理中，网络故障的诊断与维护是一个不可或缺的环节。学术研究、教学活动，甚至日常的行政工作都高度依赖稳定、高效的网络环境。一旦网络出现故障，不仅会影响教学质量，还可能导致重要数据丢失或研究进展受阻。因此，如何及时准确地诊断网络问题，以及如何有效地进行网络维护，成为每一个高校计算机机房管理者和技术人员必须面对的挑战。

网络故障可能源于多种因素，包括硬件故障、软件配置错误、外部攻击等。由于高校计算机机房通常具有庞大的用户基数和复杂的网络结构，这些问题往往更加复杂和难以处理。因此，网络故障的诊断与维护不仅需要全面而深入的技术知识，还需要良好的组织协调和应急处理能力。

本节将从网络监控与报警、故障排除与诊断、网络维保策略以及网络备份与容灾等多个方面，系统地介绍高校计算机机房在网络故障诊断与维护方面的最佳实践和推荐策略。这些内容将为机房管理者和技术人员提供有力的指导，帮助他们更有效地应对各种网络故障，确保高校的教学和研究活动能够顺利进行。

一、网络监控与报警

网络监控与报警在高校计算机机房的管理中占有举足轻重的地位。准确而及时的网络监控可以在问题发生之前预警，而有效的报警机制则能加速故障解决的速度，最大限度地减小故障带来的不良影响。因此，网络监控与报警不仅是网络维护的基础，也是预防网络安全风险的重要手段。

在实际操作中，网络监控通常涉及对硬件和软件的双重监视。对于硬件，主要是监控交换机、路由器、服务器等设备的运行状态，如温度、电流、电压和风扇速度等。任何超出正常范围的数据都应当触发报警机制，以便技术人员能及时进行检查和维护。软件方面主要是监视网络流量、CPU 使用率、内存使用情况等，同样需要设置合适的阈值触发报警。

报警机制需要更为细致和个性化的设置。通常，报警分为预警和紧急报警两种。预警通常是在问题发生前或刚发生时发出，目的是提醒技术人员需要关注某一方面可能出现的问题；而紧急报警则多用于问题已经出现并可能导致严重后果的情况，需要立即解决。因此，在设置报警机制时，应充分考虑到各种因素，如报警的级别、触发条件、报警后的处理流程等。

除了基础的网络监控和报警设置外，高校计算机机房还应该考虑到特殊情况下的应急处理。例如，在大型在线考试或者重要的学术会议期间，网络的稳定性尤为重要，此时则需要提高监控的频率，并调整报警阈值，以便能在第一时间发现并处理问题。

有效的网络监控与报警不仅需要先进的硬件和软件，还需要一支经验丰富、反应敏捷的技术团队。因此，在人员培训和团队建设方面也应给予足够的重视。具体来说，除了基础的网络知识和技能培训外，还应加强应急处理、团队协作等方面的培训和演练。

二、故障排除与诊断

故障排除与诊断在高校计算机机房的日常管理中起着至关重要的作用。无论是硬件故障还是软件问题，准确诊断与及时排除都是确保网络稳定运行的关键。对于技术团队来说，掌握一整套有效的故障排除与诊断方法，不仅能大大提高工作效率，也有助于预防更严重的系统问题。

在硬件方面，故障通常包括交换机、路由器、服务器等主要设备的物理损坏或性能下降。当发现这些设备出现问题时，需要使用各种测试工具和设备进行诊断，如多用表、网络测试仪以及专用的硬件诊断软件。这些工具能帮助技术人员准确地定位问题所在，从而制订有针对性的解决方案。

软件故障则更为复杂，因为它们通常涉及多个系统和应用程序。这就需要技术人员具备广泛的知识和经验，以便能快速地诊断问题。日志分析是软件故障诊断中常用的方法之一，通过分析系统日志、应用日志或网络日志，可以迅速找到问题的根本原因。有时，对于一些难以复现的问题，还需要进行长时间的监控和数据采集，以便能更全面地了解其规律和特点。

当故障被准确地诊断后，下一步就是排除。对于硬件故障，这通常意味着需要更换损坏的部件或者升级硬件。而对于软件故障，则可能需要重新配置设置、更新程序或者优化代码。无论哪种情况，都需要有一个详细而严谨的操作流程，以减少人为错误的可能性。

除了日常的故障排除与诊断，还有一些特殊情况需要注意。例如，在高峰期或者特殊活动期间，机房的网络负载会大大增加，这时就需要提前做好充分的准备，如增加带宽、优化网络设置以及进行压力测试等。这样，即使在极端情况下，也能保证网络的稳定运行。

技术团队应当定期进行故障排除与诊断的培训和演练，确保每个成员都能熟练掌握相关的知识和技能。同时，建立完善的故障记录和分析机制，以便能从每一次故障中汲取经验和教训，不断提高整个团队的应对能力。

故障排除与诊断是高校计算机机房维护中不可或缺的一环。通过对硬件和软件进行全面而细致的检查，以及实施有效的解决措施，不仅能确保机房的稳定运行，还能提高整个网络系统的可靠性和安全性。

三、网络维保策略

网络维保策略在高校计算机机房环境中显得尤为重要，因为这里不仅承载着日常的教学和科研活动，还可能涉及大量的敏感数据和信息资源。有效的维保策略不仅可以提高系统的稳定性和可用性，还有助于预防各种安全风险，从而确保高校计算机机房能够顺畅、安全地运行。

在制定维保策略时，需要充分考虑到机房的特殊需求和特点。比如，不同类型的服务器可能需要不同级别的维护，有的需要定期更新和升级，有的则需要 24 小时不间断的监控。同时，还需要考虑到硬件的寿命和更换周期，以及软件的兼容性和更新频率。

除了针对具体设备和应用的维保，还需要建立一套完善的网络维护体系。这包括网络的监控、备份、恢复以及安全防护等多个方面。其中，网络监控是维保中非常关键的一环，它不仅可以实时地收集和分析网络的运营数据，还可以自动触发报警和故障修复机制，大大提高了问题解决的效率和准确性。

备份和恢复也是维保策略中不可忽视的部分。除了定期进行数据备份，还需要制定详细的数据恢复流程，并且定期进行演练，以确保在发生灾难性事件时能够迅速恢复系统的正常运行。

在网络安全方面，除了基础的防火墙和入侵检测系统，还需要考虑到更为复杂和高级的安全防护手段，如数据加密、访问控制以及身份验证等。这样，即使面临各种复杂和多变的安全威胁，也能够做到有备无患。

除了硬件和软件的维保，人力资源也是一个重要的因素。技术团队需要接受定期的培训和考核，以确保他们能够熟练掌握各种维保工具和方法，同时要养成良好的文档记录习惯，以方便日后的故障排查和问题解决。

一个全面而有效的网络维保策略应该涵盖硬件、软件和人力三个方面，既要考虑到日常的维护需求，也要有针对性地应对各种突发事件和安全威胁。通过科学合理的规划和执行，不仅能够大大提高高校计算机机房的运行效率和稳定性，还能在很大程度上降低系统故障和安全事故的风险。这对于任何一个高校计算机机房来说，都是至关重要的。

四、网络备份与容灾

网络备份与容灾在高校计算机机房中占据着不可或缺的位置。高校集中了大量的教学、科研数据，还涉及众多日常管理的应用系统。一旦发生数据丢失或者系统宕机，可能会造成严重的后果，如影响教学进度、延误科研项目以及数据泄露等安全风险。

网络备份通常分为本地备份和远程备份两种。本地备份主要用于快速恢复因小范围硬件故障或者操作失误导致的数据丢失，通常会存储在与原始数据相同的数据中心或者机房内。而远程备份则更加注重数据的长期保存和安全性，通常会将数据加密后存储在地理位置分散的多个数据中心内，以防止因自然灾害或者其他大规模事件导致的数据丢失。

容灾则是一种更为全面和系统的数据保护机制，它不仅包括数据备份，还涉及系统的高可用性和故障转移。容灾计划通常会预设多种可能的故障场景，如硬件故障、软件故障、网络攻击以及自然灾害等，针对每一种场景都会制定相应的应急响应措施和恢复流程。

对于高校计算机机房来说，最理想的容灾方案通常是热备和冷备相结合。热备主要用于应对硬件故障和小规模的系统问题，它可以实现系统的实时或者准实时备份，并且在系统发生故障时能够自动或者手动切换到备份系统，从而确保服务的连续性。而冷备则更加注重系统的全面恢复，通常会在备份数据中心内部署一套与原系统相同或者相似的硬件和软件环境，在系统发生大规模故障或者数据丢失时，可以通过冷备快速恢复系统的正常运行。

除了硬件和软件备份之外，还需要对网络配置和设置进行备份，如路由表、防火墙规则以及各种网络服务的配置文件。这样，在系统恢复后，可以迅速地恢复网络的正常运行。

任何备份和容灾方案都需要定期进行测试和演练，以确保其在实际应用中的有效性和可靠性。通过模拟各种可能的故障场景，不仅可以检验备份和容灾系统的性能和稳定性，还能及时发现并修正可能存在的问题和漏洞。

五、网络故障的分类

网络故障按故障性质可划分为逻辑故障与物理故障。

（一）逻辑故障

在逻辑故障中，配置错误是最频繁出现的一种。这种错误通常是由于网络设备，如路由器的配置不当导致的，包括路由器端口参数的错误设定、路由配置导致的循环或无法找到目标地址，以及错误的子网掩码设置。例如，假设一个网络线路没有流量，但其两端端口仍能正常响应 ping 命令，这种状况通常是路由配置出了问题。在这种情境下，通常会使用"路由跟踪程序"或 Traceroute 来进行诊断。与 ping 类似，Traceroute 的独特之处在于它能够分解端到端的网络路径，并列出每一段的响应时间和延迟。如果 Traceroute 的结果显示两个 IP 地址反复出现在某一段之后，这通常意味着线路的远端路由器错误地将端口路由指回线路的近端，导致数据包在该线路上无限循环。通过修改远端路由器的端口配置，这类问题通常可以迅速解决。

除了配置错误，逻辑故障的另一主要类别是关键进程或端口的关闭，以及系统负载问题。例如，如果一个网络线路突然中断并且没有流量，而尝试 ping 该线路的端口失败，这通常说明该端口已被关闭，从而导致了网络故障。在这种情况下，只需重新启动端口，即可恢复网络连通性。另一个常见的问题是路由器负载过高，通常表现为 CPU 温度过高、CPU 使用率增加及内存剩余过少。如果这些问题影响了网络服务的质量，最直接的解决办法就是更换路由器，最好是选择一个性能更出色的模型。

（二）物理故障

物理故障是网络中一种比较直观的故障类型，通常涉及硬件设备和线路问题，如设备损坏、电缆接口松动、电磁干扰等。在网络线路突然中断的情况下，网络管理员通常会使用 ping 或 fping 这类网络诊断工具进行初步检查。ping 是单一目的地的网络测试工具，用于检测从一个 IP 地址到另一个 IP 地址的连通性。与之不同，fping 则能够在一次操作中检测多个 IP 地址的连通性。

当网络管理员发现网络不通时，会看到 ping 的输出结果出现"Request time out"的信息。在这种状况下，有可能是网络接口插头松动或接错了，这通常是由于未熟悉网络接口规格或未明确网络拓扑结构而导致的。接口和电缆的问题是非常普遍的，尤其是在大规模或复杂的网络环境中。

在设备连接方面，在两个路由器直接相连的情况下，正确的连接方式是其中一个路由器的出口应该连接到另一个路由器的入口。同样地，这样的连接顺序也适用于其他网络硬件如集线器、交换机以及多路复用器。如果这些设备没有按照正确的方式相互连接，网络服务就很可能会中断。

物理故障有时候表现得相当隐晦，难以用通用的诊断工具进行准确判断。在这种情况下，经验丰富的网络管理员通常依靠他们的专业直觉和经验来诊断问题。他们会检查电缆的完整性，重新接入和启动硬件，或者直接更换可疑的网络组件。

物理故障是网络故障中一个不容忽视的类别，它们可以通过多种方式影响网络性能和稳定性。解决这类故障通常需要综合运用网络诊断工具和专业经验。尤其是在复杂或大规模的网络环境中，解决物理故障需要高度的专业技能和经验。因此，精确的故障诊断和及时的修复措施是确保网络可靠运行的关键。无论是简单的接口插头问题，还是复杂的设备连接问题，或是难以捉摸的隐蔽故障，都需要网络管理员运用他们的专业知识和经验来解决，以保证网络的高效稳定运行。

六、按故障现象分类

网络故障根据故障的不同对象可划分为线路故障、主机故障和路由器故障三类。

（一）线路故障

线路故障最常见的情况就是线路不通，诊断这种情况首先检查该线路上流量是否还存在，然后用ping检查线路远端的路由器端口是否响应，用 Traceroute 检查路由器配置是否正确，找出问题并逐个解决。

（二）主机故障

主机故障最常见的情况就是主机的配置不当。比如，主机配置的 IP 地址与其他主机冲突，或 IP 地址根本就不在子网范围内，由此导致主机无法连通。主机的另一故障就是安全故障。比如，主机没有控制其上的 finger、RPC、rlogin 等多余服务，而攻击者可以通过这些多余进程的正常服务或 bug 攻击该主机，甚至得到 Administrator 的权限等。值得注意的一点就是，不要轻易共享本机硬盘，因为这将导致恶意攻击者非法利用该主机的资源。发现主机故障一般比较困难，特别是别人的恶意攻击，一般可以通过监视主机的流量或扫描主机端口和服务来防止可能的漏洞。最后提醒大家不要忘记安装防火墙，因为这是最省事也是最安全的办法。

（三）路由器故障

事实上，线路故障中很多情况都涉及路由器，因此也可以把一些线路故障归结为路由器故障。检测这种故障，需要利用管理信息库（management information base，MIB）变量浏览器，用它收集路由器的路由表、端口流量数据、计费数据、路由器 CPU 的温度、负载以及路由器的内存余量等数据，通常情况下网络管理系统有专门的管理进程不断地检测路由器的关键数据并及时报警。而路由器 CPU 利用率过高和路由器内存余量太小都将直接影响到网络服务的质量。解决这种故障，只有对路由器进行升级、扩大内存等，或者重新规划网络拓扑结构。

七、高校机房网络灾难恢复

在当代高校环境中，计算机机房不仅是学术研究的核心设施之一，也是教学和管理活动不可或缺的支持系统。因此，一旦机房出现问题，比如突然断电、管理人员操作失误或是人为破坏，后果往往是严重的。这种情况不仅可能导致数据丢失，打乱教学计划，还可能影响到整个校园网络的稳定性。

在出现灾难性问题后，能否快速、高效并可靠地恢复一个立即可用的系统，往往是测试高校应急响应能力的关键。事实上，机房的稳定运行在很多方面都关乎学校的整体运作。例如，许多课程依赖特定软件或在线资源，这些都需要通过计算机机房来实现。此外，机房还承担着数据分析、研究模拟，甚至是学校日常管理如学生注册、教务管理等方面的重要任务。

因此，高校必须确保有一套完善的应急恢复计划，以应对可能出现的各种灾难性情况，包括定期的数据备份、多元化的电源供应系统，以及经过专业培训的管理人员等方面。同时，也需要有针对性地进行定期的应急演练，以确保在实际灾难发生时，能够迅速按照预定方案进行恢复。

（一）系统失效的技术因素

在高校计算机机房环境中，系统失效的原因可从多个方面考虑。这些因素通常可分为自然灾害与人为破坏，以及计算机系统内在的技术难题。根据统计，技术因素如硬件和软件问题占系统失效原因的70%以上。

（1）首先要提到的是硬件元素，包括内存、网卡、电源和主板。这些硬件的任何一种失效都足以导致整个系统出现问题。尤其值得注意的是，即使数据依然安全地保存在磁盘上，这些数据在一个已经失效的系统里也毫无用处。

（2）然后是硬盘问题。由于硬盘是一种机电设备，其寿命有限，因此硬盘故障几乎是必然会发生的。一旦硬盘出现问题，数据会遭受损失，甚至整个系统可能崩溃。

（3）软件兼容性也是一个不容忽视的问题。高校计算机机房通常需要多种来自不同制造商的网络系统软件来提供支持。由于这样的多样性，即便是小规模的软件更新或补丁也可能导致整个系统变得不稳定。

（4）病毒攻击的风险也是日益加剧的。尤其是在这个信息化时代，如果高校计算机机房的系统未经适当保护就接入了互联网，那么它就面临着比以往任何时候都更高的病毒感染风险。值得注意的是，病毒通常不会立即展示其危害性，但当它活跃起来时，后果常常是灾难性的。

（5）虽然人为操作错误相对较少，但这一因素仍然存在。例如，网络管理员可能不小心删除了关键的系统文件或数据文件。这样的失误通常是不可恢复的，严重时会导致整个系统瘫痪。

尽管现代计算机硬件的可靠性有了显著提升，而软件也增加了各种容错机制，如 RAID 技术和集群结构等，但高校计算机机房依然面临多种可能导致系统失效的风险。因此，提高系统的整体抗灾能力应成为高校网络管理员需要高度重视的问题。这不仅涉及硬件和软件的选配，还包括人员培训、系统维护以及应急预案的制订等多个方面。只有全方位地提升系统的可靠性和抗灾能力，才能确保高校计算机机房能够稳定、高效地支持学校的教学和研究活动。

（二）灾难恢复的基本技术要求

在许多发达国家中，即使是高校计算机机房也普遍使用局域网（local area network，LAN）来支持学校的核心业务和应用系统。这样的架构也意味着，针对局域网环境的灾难恢复计划成为关键性任务。一个优质的灾难恢复计划，远不止备份和数据恢复那么简单，它应当包括三个核心部分：数据保护、灾难预防和事后恢复。

1. 高效的备份软件

对于数据保护而言，一个先进和灵活的备份软件系统是不可或缺的工具。这种软件不仅需要保障数据的完整性，还应当有高效的备份介质管理功能。

保证数据的完整性是使得系统在恢复后能立即重返正常运行状态的前提。因此，任何备份行为都应当首先保证数据的完整性。另外，对于大型局域网环境，如高校计算机机房，备份介质如磁带或硬盘的管理通常需要软件的全面支持。更进一步，高质量的备份软件应具备有效的"提醒机制"，它能够提示网络管理员何时进行备份介质的更换，以及提出备份介质轮换周期和备份策略的建议。

购买备份软件时，高校计算机机房应特别考虑以下几个方面。

①多样化的数据校验方法：除了基础的字节校验，应支持循环冗余校验等功能，以确保备份过程的准确性。

②多种备份策略：备份软件不仅应支持常规的完全、增量和差分备份，还应允许用户设定备份计划，如自动启动和停止备份的时间，以及保存系统配置以便将来使用。

③联机数据备份：这是一项至关重要的功能。对于那些依赖数据库服务器进行数据管理的系统来说，联机数据备份功能几乎是必需的。

除此之外，更先进的备份软件还可能支持 RAID 和图像备份等高级功能。RAID 技术可以确保即使个别备份介质受损，整体备份数据依然是完整和可用的。而图像备份则允许用户在系统出现问题时，能够快速恢复整个系统状态。

2. 恢复的选择和实施

在高校计算机机房环境中，数据恢复不仅仅是一个简单的"复制和粘贴"过程，还需要一个更加精细和多层次的方法。备份虽然重要，但它只是确保成功恢复的一个环节。要实现高效的数据恢复，备份软件需提供多样化的恢复选项，包括按照介质、目录结构、特定任务或查询子集等来进行数据恢复。

首先，管理层需要进行周期性的检查以确保备份数据的准确性和完整性。这不仅包括数据自身的完整性，还涉及备份软件是否能够按照预定的恢复选项有效地恢复数据。其次，为防止突发事件如火灾或其他自然灾害导致数据丢失的情况，备份介质应存放在校外的安全地点。这样可以确保即使校园内出现极端情况，重要数据依然可以安全地保存。再次，选择适当的备份周期是至关重要的。根据数据的增长速度和更新频率，备份周期应当灵活调整。一般来说，在客户端/服务器架构中，部分备份的周期最好不要超过一个月，以确保数据的时效性。最后，针对客户端/服务器架构的高校计算机机房，传统面向大型主机的恢复策略通常不适用。在这种环境下，数据恢复的关键在于如何有效地保护由服务器管理的数据。因此，部署一个高性能且具有强大容错能力的磁盘存储系统变得尤为重要。

综合以上几点，高校计算机机房在数据恢复方面面临的挑战不仅仅局限于技术层面。它还涉及一系列精细的管理工作，包括备份准确性的定期检查、备份介质的安全存放、合适备份周期的选择，以及适应不同架构需求的恢复策略。只有综合考虑这些因素，才能确保在灾难性事件发生时，计算机机房的重要数据和应用能够被迅速、有效地恢复，从而保证学校的核心教学和研究活动不受影响。

3. 自启动恢复

在高校计算机机房环境下，灾难恢复不仅仅是数据恢复的问题，更关乎如何尽快地使整个系统重新回到正常运行状态。在这一背景下，"自启动恢复"软件显得尤为重要。这类软件能大大加速系统恢复的进程，同时最大限度地减少因系统停机所导致的服务中断时间。

自启动恢复软件的核心功能在于，它能够自动识别并配置服务器所需的硬件和软件环境。这意味着，在系统或硬件出现故障后，不需要人工重新安装和配置操作系统，也无须再次设置数据恢复软件和其他应用程序。这一点对于高校计算机机房而言尤为重要，因为这些机房通常是教学、研究和校园管理等多个关键活动的支撑。

自启动恢复软件还能生成备用服务器的配置文件和数据集。这不仅简化了备用服务器的维护工作，也为在灾难发生时迅速切换到备用系统提供了可能。这种高度的自动化和智能化，对于确保计算机机房在面对不可预见因素时能够快速恢复正常运行，具有至关重要的作用。

4.病毒防护

在高校计算机的运行环境中，病毒防护是不容忽视的重要环节。由于计算机机房是高校的数据和计算中心，任何病毒或恶意软件的入侵都可能导致重大的数据损失和系统故障，进而影响教学、研究和行政工作的顺利进行。因此，一套完善的灾难恢复方案不能缺少全面且高效的病毒防护措施。

强大的防病毒软件是病毒防护的基础。这类软件不仅要能够实时扫描和隔离病毒，还应具备自动更新功能，以应对不断出现的新型病毒。它应该能够与备份和恢复软件无缝衔接，实现数据和系统安全的全方位保障。

所有进入网络的数据和程序应当在通过任何形式的杀毒处理后方可接入。这一环节尤其重要，因为高校计算机机房常常需要处理来自多个不同来源（包括外部合作机构和学生个人设备）的数据，这些都是潜在的病毒传播途径。

自动监控网络活动以便及时发现并阻止病毒传播是至关重要的。这一点对于大规模、高流量的高校计算机网络尤为重要。自动监控能够大幅度减少人为疏漏的风险，确保即使在非工作时间也能维持高度的安全性。

防病毒软件应当能够透明地与其他灾难恢复软件和策略结合，形成一个统一而全面的安全防护体系。例如，当数据需要恢复时，防病毒软件应该能够确保恢复的数据文件是无病毒的，以免在灾难恢复过程中引入新的安全威胁。

　　5. 解决方案

　　在高校计算机机房中，灾难恢复和数据保护是至关重要的任务。由于这些机房通常是教学、研究和行政工作的数据中心，维护其数据安全和系统可用性是非常关键的。

　　一款强大的数据备份和恢复软件应该是多平台兼容的，以适应高校复杂多变的 IT 环境。这款软件不仅要在数据备份和恢复方面表现出色，还需要与防病毒解决方案紧密集成，以提供全方位的病毒防护。在高校计算机机房的灾难恢复方案中，除了数据备份和恢复，还需要考虑自动化的系统恢复工具。这些工具可以自动检测系统配置和驱动，从而在灾难发生后快速地恢复系统，无须人工干预。这不仅提高了恢复效率，还大大减少了服务停机时间。病毒防护同样是一个不可忽视的环节。在数据和程序进入网络之前，必须进行全面的病毒检查。同时，整个网络需要进行自动监控，以防止新病毒的出现和传播。一个全面的防病毒策略应该与其他灾难恢复方案紧密配合，以确保数据和系统的完整性。

　　综合考虑，一个全面的灾难恢复方案应该包括强大的数据备份和恢复能力、自动化的系统恢复工具，以及全面的病毒防护机制。这样的多层次、多角度的保护体系，能够为高校计算机机房提供全面的安全保障，确保其在面对任何不测时，都能快速、有效地恢复正常运行，保证教学、研究和行政工作的连续性和高效性。

八、高校计算机机房网络的优化

（一）合理设置服务器硬盘

在高校环境中，计算机机房作为学术研究和日常教学活动的中枢，承担着极其重要的角色。从网络打印、文件访问到高级数据分析，所有这些任务都依赖一个高效可靠的网络环境。虽然网络延迟和速度问题通常会被误归咎于网卡、交换机或集线器，实际上，LAN 性能大多数时候受服务器硬盘配置的影响。

1.选择合适的硬盘

在高校计算机机房的服务器硬盘配置过程中，转速和容量是两个关键考虑因素。高转速的硬盘通常具有更快的数据读写能力，这对于快速访问和处理数据至关重要。高转速硬盘不仅缩短了数据的读取时间，还有助于在密集的数据交换环境中，如在线教学或远程实验，保持网络流畅。

2.优选小型计算机系统接口

在硬盘接口方面，小型计算机系统接口通常比集成驱动电接口或增强集成驱动电接口有更高的数据传输效率。这主要归因于小型计算机系统接口使用并行数据传输模式，这种模式支持多个设备同时进行数据传输，显著提高了整体数据处理速度。

3.安装硬盘阵列卡

如果条件和预算允许，给服务器添加 RAID 卡是一个非常明智的决策。RAID 卡可以组合多个硬盘为一个单一逻辑单元，通过多路读写来提高数据访问速度。某些 RAID 配置还提供数据冗余选项，以增加数据的安全性和可靠性。

4.避免设备共用同一小型计算机系统接口

在配置硬盘和其他存储设备时，一个容易被忽视但非常重要的点是，不应该让低速小型计算机系统接口设备如只读存储光盘与高速硬盘共用同一个小型计算机系统接口。这种设备共用会减缓高速硬盘的数据传输性能，因为整个小型计算机系统接口将被限制在最慢设备的速度上。

（二）严格执行接地要求

在高校计算机机房环境中，网络稳定性和数据传输准确性是支持教学、研究和日常管理的关键。这一切都需要一定的物理基础，其中之一就是正确的电气接地。由于局域网内主要传输的是弱电信号，不合适或不准确的接地操作可能导致网络干扰，甚至使整个网络瘫痪。

对于网络中的转接设备，如路由器和交换机，由于它们可能涉及远程传输线路，对接地的要求尤为严格。不恰当的接地可能导致设备无法达到预期的连接速度，进而在网络中产生一系列难以诊断的故障。

有时，所有线路检查结果都显示正常，但问题仍然存在。在这种情况下，检查电源的零地电压往往能找出问题的根本原因。一旦将路由器电源插入 UPS 插座，问题通常能得到解决。如果路由器电源线的接地端出现故障，可能会导致数据包丢失和不稳定的网络连接。这种问题通过更换电源线通常能够解决。

因此，使用网络设备时必须严格按照设备的操作和安装规范进行。稍有不慎，就可能带来网络不稳定或完全失效，给教学和研究工作造成严重干扰。正因如此，计算机机房管理人员需要具备一定的电气基础知识，以确保所有网络设备都在规定的电气环境下运行。

（三）使用质量好、速度快的网卡

在高校计算机机房的局域网环境中，计算机之间的通信中断是一种常见但不可接受的情况，尤其是在依赖网络进行教学和研究活动的场合。

根据多年的运维经验，大多数局域网故障都与网卡有关。例如，网卡没有正确安装、网络线接触不良、网卡陈旧不能被系统正确识别，或者网卡质量不佳导致无法承受大数据传输的压力。因此，在选择和安装网卡时，机房管理人员必须对多种型号和品牌的网卡性能进行深入了解。特别是服务器，一定要选择质量可靠的网卡。由于服务器一般都是不间断运行，只有质量上乘的网卡才能保证长时间稳定工作。由于服务器负责处理大量的数据，因此网卡的数据处理能力也必须与之相匹配。这不仅能够保证高速数据传输，还能降低因网卡不稳定而导致的系统故障率。

定期进行网卡的维护和更新也是确保高校计算机机房网络稳定运行的关键一步。旧的或已损坏的网卡应立即更换，以防止其成为网络不稳定的隐患。当然，在选择网卡时，除了考虑性能外，还需要权衡成本。但需要强调的是，长远来看，质量高、性能稳定的网卡不仅可以减少因故障导致的维护成本，还能显著提高整体网络性能和使用寿命。

（四）正确使用"桥式"设备

在高校计算机机房的网络管理中，准确地区分和使用"桥式"和"路由"设备是至关重要的。通常，"桥式"设备用于连接同一网络段内的设备，而"路由器"则用于不同网络段之间的设备连接。这两者的使用场景和配置方式有明显的不同。

以微波联网设备为例，在某个实验中，物理连接建立后，服务器频繁报告与对端网络段不匹配的问题。经检查发现，这是一种具有桥接性质的设备。因此，通过将两边的网络段号统一，成功解决了这一问题。在另一个地点使用了不同厂商的微波联网设备后，即使在安装前就统一了两侧的网络段号，服务器仍然报警提示路由错误。最终，通过更改一侧的网络段号，问题得到解决。这两个案例清晰地显示了，在配置网络设备参数时，准确识别设备类型（是"桥式"还是"路由"）具有重要意义。错误的网络参数设置不仅可能导致网络故障，还会浪费大量的排查和维护时间。

　　在高校计算机机房的网络设计和规划阶段，理解和考虑到这些差异是关键。对于预定使用的所有网络设备，都应在购买前进行全面和详细的技术评估。因此，除了硬件的技术规格和成本因素，也需要对设备进行综合评估，包括其在特定应用场景（如教学、研究或管理）下的适用性。对于计算机机房的管理和运维人员，应有针对性地进行"桥式"和"路由"设备使用和管理的培训，以确保网络的稳定运行。

（五）合理设置交换机

　　在高校计算机机房网络中，交换机起着至关重要的作用，它不仅负责数据的传输和分发，还影响着整个局域网的性能。因此，合理地设置和配置交换机参数是优化网络性能的一个关键步骤。例如，在一个具体案例中，交换机端口被设置为100M全双工模式，同时服务器上也安装了一块标有"Intel 100M EISA"型号的网卡。尽管初始安装后一切看似正常，但在面对高流量数据传输的情境下，速度急剧下降。经过一番检查，发现该网卡实际上并不支持全双工模式。因此，当交换机端口被重新设置为半双工模式后，该问题得以解决。虽然现代交换机和网卡多数具有自适应功能，理论上应能自动匹配速率和双工模式，但实践中仍然存在问题。比如，有些情况下，即使服务器的网卡被设置为全双工，交换机的双工指示灯仍然不会亮起。这类问题通常是由于设备品牌不一致导致的，只能通过手动强制设置来解决。因此，当我们在高校计算机机房设置网络设备参数时，应当充分参考服务器以及其他工作站上的网络设备参数。目标是确保每一台设备的设置都能相互匹配，从而避免由于参数不一致导致的网络问题。

（六）按规则进行连线

　　在高校计算机机房的局域网架构中，正确的连线方式有着至关重要的作用。它不仅关系到数据传输的速度和效率，还可能直接影响网络的稳定性和可靠性。因此，严格遵守明确的连线规范不仅是建议，而是必需。

计算机机房内的计算机通常会通过双绞线进行物理连接。这种线路简单、成本低，但其使用有严格的距离限制。双绞线最大的有效距离一般为100 m。当尝试连接超过这一距离的计算机时，即便线材和接口都没有问题，通信也很可能会失败。这样的现象通常会让维护人员感到困惑，因为线路和硬件看似没有问题，但问题实际出在了超出了线材的有效使用距离上。

为了解决这种因距离而导致的连线问题，通常需要使用转换设备，如中继器或信号放大器。这些设备可以延长有效的物理连接距离。同时，使用这类设备时还需要注意正确地使用跳线。以太网通常使用的是两对双绞线，它们在RJ-45（registered jack-45）接口上通常连接到1、2、3和6号引脚。如果不按照这一标准进行操作，而是将原来配对的线路分开使用，会导致网络性能大幅下降，这是由于产生了大量的电磁干扰。

在10M网络环境下，由于数据传输量相对较小，即使有些小的连线问题也可能不会明显影响网络性能。但在100M或更高的网络环境中，特别是在数据流量大或者物理距离长的条件下，连线问题可能导致网络无法建立稳定的连接，甚至可能导致网络完全瘫痪。

九、高校计算机机房网络故障实例

在前文中，我们已经对高校计算机机房网络故障有了整体的认识。现在，我们将列举几个在实际管理中常见的故障例子，以便在实际操作中有所参考。

（一）配置错误故障实例

1. 故障表现

配置错误是高校计算机机房网络中导致故障的主要因素之一。不当的服务器或路由器设置会妨碍网络的正常运行。同样，学生或教职工对个人计算机的不恰当设置也会引发一系列访问问题。

具体表现主要有以下两种。

①某台计算机只能与局域网内的部分计算机进行通信。

②某台计算机无法连接到其他网络设备。

在对配置进行任何更改之前，强烈建议记录现有配置并进行备份。

2. 配置故障排除步骤

首先，需要检查出现问题的计算机的配置设置。如果发现错误，修复它，并测试网络服务是否已恢复。如果没有找到明确的错误而服务仍然不可用，进一步检查网络内其他计算机是否也出现同样的问题。如果有，则问题可能出在网络硬件上，如交换机或集线器。如果没有，那么问题可能是出在被访问的计算机上。

虽然计算机故障具有多样性，但排查问题并非无章可循。随着理论知识和实践经验的积累，解决这些问题将变得越来越快，越来越简单。严格的网络管理流程、详尽的技术文档，以及有效的监测和测试工具，都是预防和解决这些故障的有力支持。

因此，高校计算机机房需要更加严谨的网络管理，以减少由配置错误引发的网络故障，并确保学术和教学活动能够顺利进行。这不仅需要硬件和软件的高度协同，还需要管理者、教职工和学生共同遵守网络使用规范和操作流程。

（二）连通性故障实例

1.故障表现

连通性故障通常表现为以下几种情况。

①电脑无法登录到服务器。

②电脑不能通过局域网接入 Internet。

③电脑在网络中只能看到自己，而看不到其他电脑，从而无法使用其他电脑上的共享资源及共享打印机。

④电脑无法在网络内访问其他电脑上的资源。

⑤网络中的部分电脑的运行速度异常缓慢。

2.故障原因

以下原因可能会导致连通性故障。

①网卡未安装，或未正确安装，或与其他设备发生冲突。

②网卡硬件故障。

③网络协议未安装，或设置不正确。

④网线、跳线或者插座故障。

⑤集线器电源未打开，集线器硬件故障。

⑥ UPS 故障。

3.排除方法

①连通性故障诊断。在面临不能上网的问题时，一个基本的排查步骤是测试其他网络服务，比如局域网内的文件共享或内部网站访问。如果这些功能正常，但仅 Internet 访问受限，那么基本可以排除是硬件连通性问题。

②利用发光二极管（light emitting diode，LED）指示灯判断网卡状态。网卡上的 LED 指示灯通常能提供对于其工作状态的即时反馈。在网络空闲状态下，LED 指示灯应缓慢闪烁；在数据传输期间，则会加速闪烁。持续不亮或长时间持续亮的灯通常意味着存在问题。对于集线器来

说，任何有网线接入的端口，其 LED 指示灯都应该亮起。

③使用 ping 命令排查问题。ping 命令是网络诊断中常用的一个工具。通过向指定的 IP 地址或主机名发送请求，可以测试网络连接和数据传输是否正常。如果本地地址能够 ping 通，那么基本可以确认网卡和网络协议设置没有问题。

④检查集线器和网线。当确认网卡和网络协议无误后，如果网络仍旧不通，问题可能出在网络硬件上，比如集线器或网线。进一步验证的方法是换一台电脑，使用同样的方法排查。

⑤集线器端口检查。集线器自身也可能成为问题的根源。集线器上各个端口的 LED 指示灯通常会指示是否有电缆接入，但不一定能反映通信的成功与否。因此，如果端口 LED 指示灯不亮，基本可以断定该端口存在问题。

⑥网线和网卡的综合检查。如果排除了其他所有可能性，问题可能出在网线或网卡上。通过专业的网线测试器或多用表，可以准确地测试网线是否有断线或短路的问题。

高校计算机机房网络系统虽然复杂，但不是不可解的谜。通过系统性的诊断和排查，大多数问题都能够被有效地解决。计算机机房管理员需要熟悉这些基础诊断步骤和工具，以便在问题出现时能够迅速定位并解决，确保教学和研究活动不受影响。这不仅需要硬件和软件的良好配合，还需要管理人员和使用者共同遵守一套明确的操作规程和维护流程。

在高校环境中，由于涉及大量教职工和学生的日常教学和研究，网络故障的影响可能会更为广泛和严重。因此，一个标准化、系统化的故障排查和解决流程显得尤为重要。具备全面而翔实的技术文档，运用高效的监控和测试工具，都是确保高校计算机机房网络稳定运行的关键因素。

（三）网络协议故障实例

1.故障现象描述

在高校计算机机房的日常管理中，网络协议故障是一个不能忽视的问题，它通常表现为以下几种情况。

①计算机无法成功登录到网络服务器。

②在网络环境中，计算机无法识别自己，也不能访问其他网络上的计算机。

③虽然计算机能在网络环境中看到自己和其他用户，但仍然无法与其他计算机建立实际联系。

④计算机无法通过局域网接入 Internet。

2.故障原因分析

①协议缺失。局域网的通信基础是协议，如果没有正确安装 NetBEUI 或其他必要的协议，将会导致网络功能失效。

②配置错误。在涉及 TCP/IP 的配置中，任何一个基础参数（IP地址、子网掩码、DNS 和网关）的设置错误都会导致网络连接问题。

3.故障排除方法

①确认协议安装与配置。第一步验证计算机是否已安装 TCP/IP 和 NetBEUI 这两个基础网络协议。如果未安装，则需要进行安装，并确保所有相关的 TCP/IP 设置都正确配置了。操作完成后，务必重新启动计算机以应用新的设置。

②使用 ping 命令进行测试。再次确保计算机间的连通性，可以使用 ping 命令来测试与其他计算机的连接状态。如果不能成功 ping 通，这通常表明网络协议或配置存在问题。

③检查共享设置。以 Windows10 为例，首先要将"网络配置文件"设置为"专用"，然后进入控制面板，点击"网络和共享中心"—"更改高级共享设置"，确保专用配置列表下的"启用网络发现"和"启用

文件和打印机共享"这两个选项被选中。

④验证网络设备的可见性。重新启动计算机后，进入控制面板，点击"网络和 Internet"—"查看网络计算机和设备"，然后检查是否能看到网络中的其他设备。

⑤唯一性标识。在此电脑属性的"关于"菜单里，点击"重命名这台电脑"为计算机重新命名，确保其在局域网中具有唯一标识，以防止名字冲突带来的问题。

在高校计算机机房环境中，网络是教学与研究活动的生命线。因此，保证网络的稳定性和可靠性就显得尤为重要。对于网络协议故障，尤其需要细致的排查和准确的解决方案。通过上述故障原因分析和故障排除方法，大多数协议故障问题能够得到有效解决。为了更好地防患于未然，建议高校计算机机房应有一套完善的网络维护和故障排除流程，如定期的网络检测、故障记录，以及预防性维护等。熟练掌握这些基础的故障排除步骤和工具，对于机房管理员来说是非常必要的。这样不仅可以在问题初发时迅速解决，还能通过长期的观察和记录，发现潜在的问题，进而制订更为全面和长远的解决方案，确保高校的教学和研究活动能够稳定、高效地进行。

（四）其他网络故障列举

在高校计算机机房环境中，除了协议故障之外，还可能出现其他类型的网络故障。下面，我们将针对几种具体的故障现象进行分析和处理。

1."只能找到本机的机器名"问题

①故障现象。在"资源管理器"中，只能搜索到本地计算机的机器名，而无法找到局域网内其他计算机。

②分析处理。这通常是网络通信出现故障的信号，可能是由于网线断裂或者网卡连接不良引发的。也有可能是集线器本身存在问题。

2."可以访问 Internet，但无法访问其他工作站"故障

①故障现象。在高校计算机机房内，学生和教职工发现了一个普遍但令人困惑的问题：他们可以轻松访问服务器和互联网，但无法访问机房内其他的工作站。

②分析处理。首先，如果高校计算机机房的网络配置使用了Windows 网际名称服务（Windows internet name service，WINS）解析，故障可能出在 WINS 服务器地址的设置上。这个地址将网络内部主机名解析成 IP 地址，如果设置不当，可能导致无法访问其他工作站。在这种情况下，网络管理员需要检查 WINS 服务器的配置，并确保所有工作站都使用了正确的服务器地址。其次，高校计算机机房可能拥有多个不同的子网。如果这是事实，那么网关的设置就变得尤为重要。一个不正确设置的网关可能会导致工作站之间无法互相访问，尽管它们都能访问服务器和互联网。这时，应仔细检查每台工作站的网关设置，确保它们指向一个能够由内部网络流量组成的正确路径的设备。最后，不正确的子网掩码设置也可能是罪魁祸首。子网掩码用于划分网络地址和主机地址，如果设置不当，同一局域网内的工作站可能无法相互识别。因此，检查并校正子网掩码设置也是解决这一问题的关键步骤。

3.能 ping 通 IP 地址，但不能 ping 通域名

①故障现象。在高校计算机机房的网络环境中，一个常见的问题是能够成功地 ping 通 IP 地址，但无法 ping 通域名。这对于学生和教职工来说是一个重要的障碍，特别是当他们需要访问特定的在线资源或进行远程通信时。

②分析处理。这个问题往往源于 TCP/IP 中的"DNS 设置"配置不正确。对于在机房中使用的计算机，特别关注 DNS 设置是非常必要的。

4."文件及打印共享"无法选择

①故障现象。在高校计算机机房中，技术支持人员和学生经常遇到

一个令人困惑的问题：尽管已经安装了网卡和各种网络通信协议，但在尝试设置"文件及打印共享"时，该选项呈现为灰色或虚的，无法进行选择。这种情况不仅影响了数据共享，还对教学和研究活动造成了不便。

②分析处理。该故障多数情况下是由于没有安装"Microsoft 网络上的文件与打印共享"组件造成的。在 Windows 操作系统中，这个组件是实现局域网内文件和打印机资源共享的关键。

5.无法登录到网络

①故障现象。在高校计算机机房内，学生和教职工面临一个普遍但令人困惑的问题：无法登录到机房网络。这个问题不仅影响到正常的教学活动，还对学术研究和其他与网络有关的任务产生了严重的障碍。

②分析处理。

a.检查网络适配器的安装与功能。需要确认每台计算机上是否装有网络适配器，并且这些适配器是否在正常工作。若发现没有安装网络适配器或适配器故障，应立即安装或更换一个正常工作的网络适配器。可通过"设备管理器"查看和诊断网络适配器的状态。

b.确保网络通信的完整性。要确保所有的网络连接设备，如网线、交换机和路由器等，都在正常工作状态。通过物理检查和网络测试工具，如 ping 命令，确保硬件连接完好并且通信正常。

c.确认没有硬件冲突。网络适配器的中断和 I/O 地址设置可能与其他硬件设备产生冲突，导致网络登录问题。进入"设备管理器"，查看是否有任何硬件冲突的迹象。如有，则需手动更改网络适配器或其他硬件的中断和 I/O 地址设置，以避免冲突。

d.检查网络设置。检查网络设置，包括 IP 地址、子网掩码、默认网关和 DNS 等，以确定是否存在配置错误。如果网络设置错误，应依据高校计算机机房的网络架构重新配置网络设置。

在高校计算机机房环境中，网络问题是相当常见但通常可以解决的。解决"无法登录到网络"这一问题的关键步骤包括检查网络适配器的安装与功能、确保网络通信的完整性、确认没有硬件冲突、检查网络设置。通过这四个方面的细致排查和相应的解决措施，大多数网络登录问题都能得到妥善处理，从而确保教学和研究活动能够顺利进行。

6.无法直接用电缆连接台式电脑与笔记本电脑

①故障现象。在高校计算机机房环境中，一种常见的故障现象是无法直接用电缆成功地连接台式电脑和笔记本电脑。这种问题不仅限制了两台设备之间的数据交换和资源共享，而且还可能影响到课堂教学和实验操作。

②分析处理。

a.检查网卡设置。问题可能出在笔记本电脑自带的 PCMCIA 网卡上。该网卡的存在可能导致系统在尝试建立连接时产生冲突或误配置。通过进入我的电脑—控制面板—系统—设备管理器，找到"网络适配器"这一选项，并删除相关记录。这样做可以清除可能导致问题的设置或驱动程序。

b.重新连接电缆。删除笔记本电脑中相关"网络适配器"的记录后，需断开电缆，并重新进行物理连接。仔细检查电缆两端的接口，确保它们分别与台式电脑和笔记本电脑的网卡端口完全对接。随后，尝试重新建立连接。

c.确认电缆类型。使用错误类型的电缆也是常见问题之一。确认所使用的电缆是交叉线，适用于直接连接两台计算机，而非直通线。

d.验证连接状态。进行一次网络测试，以确认连接是否成功建立。可以使用网络诊断工具或简单地尝试进行文件共享或网络游戏，以验证网络连接是否已成功建立。

在高校计算机机房中，直接用电缆连接台式电脑和笔记本电脑可能会遇到各种问题，但其中最常见的是由于笔记本电脑自带的 PCMCIA 网卡导致的设置冲突。通过细致的设备管理和正确的电缆选择，以及后续的验证步骤，这一问题通常可以被有效地解决。这不仅有助于高校计算机机房内的设备互联，也为教学和研究活动提供了便利。

7.无法在局域网中看到其他用户

①故障现象。在高校计算机机房环境中，一种常见的问题是即使所有计算机都连接在同一局域网内，学生和教师仍然可能无法在局域网中看到其他计算机或用户。这不仅影响课堂上的互动学习，还可能造成资源共享的难题。

②分析与处理。

a.验证网卡驱动的兼容性。Windows 系统在检测到网卡驱动程序与网卡硬件不兼容时，通常会通过弹出窗口或状态栏警告进行提示。检查设备管理器以确认是否存在问题标记。若有，尝试从制造商网站下载与操作系统和硬件相兼容的最新驱动，并进行安装。安装完成后，重启计算机并检查是否仍然存在警告或故障标志。

b.核查网卡设置参数。网卡的中断请求和基本输入输出系统（basic input/output system，BIOS）地址可能出现设置错误或与其他硬件设备冲突。打开设备管理器，查找网络适配器的属性。确保中断请求和 I/O 地址设置与系统资源不冲突。执行硬件和软件的冲突检测，以确保没有其他设备与网卡资源冲突。

c.确认 NetBEUI 协议的安装与配置。由于多次对网卡的安装和卸载，Windows 系统可能没有正确地自动添加 NetBEUI 协议。打开"控制面板"，然后选择"网络和共享中心"。进行"更改适配器设置"并确认 NetBEUI 协议是否已安装。在适配器设置中明确看到 NetBEUI，或者在命令提示符下通过相应命令确认其存在。

d.校验局域网（工作组）设置。如果工作组设置不正确，那么在局域网中是无法看到其他用户或资源的。打开"系统属性"，然后在"计算机名"选项卡下，确认或更改工作组名称。确保所有计算机都在同一个工作组内，并且工作组名称没有拼写错误。

e.重新启动计算机。有时，即便完成了所有设置，也需要重新启动计算机来应用这些更改。完成上述所有更改后，重新启动计算机。在重新启动后，再次检查以确认问题是否已解决。

f. 在 Windows 10 中，需要将"网络配置文件"设置为"专用"，同时在"高级共享配置"界面中，勾选专用配置列表下的"启用网络发现"和"启用文件和打印机共享"。否则，无法查看局域网中的其他设备。

在高校计算机机房，无法在局域网中看到其他用户通常是由多个因素导致的，这些因素包括网卡驱动问题、硬件设置冲突、协议安装错误或工作组名称不一致等。通过一系列仔细的诊断和校验步骤，这些问题通常是可以解决的。重要的是，完成所有这些更改后，务必记得重新启动计算机以确保所有设置得以正确应用。这样一来，高校计算机机房内的网络通信和资源共享应当能够正常进行。

第四节　网络优化与升级

网络优化与升级是高校计算机机房持续健康运行的关键。作为教学与研究的核心基础设施，机房的网络环境应随着技术进步和用户需求不断地进行优化与升级。这样不仅能保证当前的网络性能和安全性，也能预见并解决未来可能面临的挑战。本节将探讨流量分析与管理、带宽管理与优化、新技术与协议的应用，以及网络架构升级策略等方面的内容，目标是为高校计算机机房的管理人员和相关工程师提供一套全面、实用的网络优化与升级指南。

在教育和科研活动中，网络资源的需求是多样且复杂的，涉及数据传输、高性能计算、远程教学等多个方面。因此，网络优化与升级不能仅从硬件或软件的单一角度进行考虑，而需要进行全面和多角度的考虑。从流量管理到安全性能，再到应用新技术和协议，每一个环节都有其独特的挑战和解决方案。因此，本节希望提供一种系统性的方法来审视和处理网络优化与升级的多个方面，以支持高校计算机机房在未来数年内能够适应快速发展的网络技术和不断增长的数据需求。

一、流量分析与管理

流量分析与管理在高校计算机机房中占有举足轻重的地位，因为它们直接影响网络的性能、可用性和安全性。流量分析主要是通过收集、监控和评估网络数据包来理解网络的使用模式和行为。而流量管理则是基于这些分析结果，采取相应的措施来确保网络资源得到最有效的利用。

流量分析可以通过各种工具和方法来完成。比如，netflow（一种网络监测功能）和 sflow（一种网络监测技术）是广泛使用的流量采样和报告协议，能够提供网络通信的详细信息，包括源地址、目的地址、传输的数据量等。这些信息有助于识别网络中的瓶颈和异常行为，如不合理的带宽使用、潜在的安全威胁等。

流量管理则是一个更为复杂的过程，它涉及多种技术和策略。流量整形是其中的一个重要手段，通常用于限制或优先处理某种类型的流量，以保证关键应用和服务能够获得足够的网络资源。例如，高校的在线教育平台和研究数据传输通常会被设置为高优先级，而非工作相关的流量（比如社交媒体或视频流）可能会被限速。

除了流量整形，流量分配也是必不可少的环节。在多用户、多任务的环境中，合理地分配带宽至关重要。这通常需要一套精细化的规则和策略，以便在高峰期保证所有用户都能得到相对平等和稳定的网络服务。

流量分析与管理不仅局限于网络层面，还深入应用层。例如，高校机房可能需要针对不同类型的应用流量（如 HTTP、FTP、SMTP 等）进行特定的管理和优化，以满足不同应用场景的特殊需求。

这些流量管理策略通常需要与其他网络管理活动（如安全性控制、负载均衡等）相结合，形成一个综合的网络管理框架。这样，不仅可以提高网络性能，还能增加对潜在问题和安全威胁的可见性和控制能力。

在实际操作中，流量分析与管理是一个持续的过程，需要定期进行审查和调整。随着网络环境和用户需求的不断变化，原有的管理策略可能会变得不再适用或者效率低下。因此，机房管理人员需要时刻保持警觉，不断更新和优化流量分析与管理的方法和工具，以适应新的挑战和机遇。

二、带宽管理与优化

带宽管理与优化是高校计算机机房网络运维的核心任务之一，涉及如何最有效地利用有限的网络资源以达到最佳性能和可用性。这个任务的复杂性在于，带宽不仅要满足教学和科研需求，还要能够应对突发事件和安全威胁。

管理带宽的基础在于对网络流量的监控和分析，这通常通过专业的网络管理工具实现。这些工具能提供诸如消耗了最多带宽的应用、带宽需求最高的时间等关键数据。有了这些信息，网络管理员可以做出更为明智的决策，比如是否需要限制某个应用的带宽使用，或是在某个时间段内提供更多的带宽资源。

带宽优化则更为高级，常用的方法包括负载均衡、流量整形和缓存等。负载均衡能够将网络流量分配到多条物理路径，从而避免单一路径的拥堵。流量整形则是通过对不同类型或优先级的流量进行排队和调度，以满足特定需求。缓存可以减少重复内容的下载，从而节约带宽。

在实际应用中，教育和科研通常是带宽的主要消费者。因此，优化策略通常会倾向于优先满足这些需求。例如，一些高带宽需求的科研项目可能会被分配到专用的网络资源，以确保其高效运行。常用的教育资源和应用也会优先得到带宽分配。

除了上述的技术方法，人为因素也是非常重要的。因此，很多高校会进行定期的网络使用培训和教育，以引导用户更为合理地使用网络资源。一些高校还会设置网络使用规定和策略，以便在出现滥用或不当行为时能够采取相应措施。

当然，带宽管理与优化并不是一次性活动，而是一个持续的过程。网络环境是动态的，用户需求也在不断变化。因此，网络管理员需要不断地监控网络状态，定期更新优化策略，并且准备应对各种突发情况，包括硬件故障、安全攻击等。

三、新技术与协议的应用

新技术与协议的应用是高校计算机机房网络优化与升级中的一个重要方面，涉及网络的可靠性、性能和安全性。在教学和科研活动日益依赖高效、可靠的网络环境的今天，保持与最新技术和协议的同步成了不可或缺的任务。

随着网络技术的快速发展，多种新的网络协议和技术应运而生，比如第 6 版互联网协议（internet protocol version 6，IPv6）、SDN、网络功能虚拟化（network functions virtualization，NFV）等。这些新技术通常会带来更高的性能、更好的扩展性和更强的安全性。比如 IPv6，相较于 IPv4，不仅提供了更多的地址空间，还增加了许多先进的网络功能，如更好的路由、内建的安全性等。SDN 是近年来非常热门的一个网络技术，通过将网络设备的控制平面与数据平面分离，使得网络配置和管理变得更加灵活和集中，大大简化了网络管理任务。NFV 则是另一个突破性的技术，它允许网络功能如防火墙、负载均衡等以软件的形式运行在通用硬件上，从而大大降低了硬件成本并提高了网络的灵活性。

然而，新技术和协议的应用并非没有挑战。这通常会涉及硬件的升级、软件的更新以及人员培训等多个方面。网络管理员需要进行全面的评估，确定新技术或协议适合的网络环境，以及如何最有效地进行迁移和部署。这通常需要与厂商、研发团队以及其他利益相关者进行紧密的合作。

在决定应用新技术或协议之前，通常需要进行详细的测试和验证，以确保它们不会影响到网络的正常运行，如性能测试、安全性评估，以及与现有系统的兼容性测试等。只有在确认新技术或协议能够满足预定目标，以及风险可控的情况下，才能进行正式的部署。

新技术和协议的应用是一个持续的过程。随着网络环境和用户需求的不断变化，网络管理员需要定期进行技术评估和更新，以应对未来的挑战。这不仅需要与时俱进的技术视野，还需要灵活和细致的执行能力。

四、网络架构升级策略

网络架构升级策略是高校计算机机房面临日益复杂和多变的网络环境时，不可或缺的一环。有效的升级策略不仅可以提高网络性能、可用性和安全性，还可以减少运营成本，同时确保与最新技术和业界标准保持一致。

升级网络架构通常是一个复杂的过程，涉及多个环节和因素。为了确保成功，全面而细致的规划是至关重要的。评估当前网络架构的状态，包括硬件、软件、配置以及性能指标，是制定升级策略的基础。通过这一步，可以明确需要升级的组件，可以维持现状的组件，以及可能出现的瓶颈和安全隐患。

在规划阶段，与各方利益相关者的沟通也非常关键。这不仅包括技术团队和网络管理员，还包括教师、学生和其他最终用户。了解他们的需求和预期，可以更有效地确定升级的目标和方向。与硬件和软件供应商进行沟通，以获取关于最新产品和解决方案的信息，也是不可忽视的一环。

实施阶段通常是最具挑战性的一步。在这一阶段，确保最小的服务中断和数据丢失是首要任务。为此，通常需要在非工作时间进行升级操作，并采取各种手段来减小风险。例如，先在测试环境中验证新的架构和配置，再进行实际部署。同时，充分的备份和回滚计划也是必不可少的。

升级完成后，进行全面的测试和验证是确保新架构能够满足预定目标的关键，如性能测试、安全性评估以及功能验证等。只有在所有测试都成功完成后，新的网络架构才能投入正式运行。

网络架构的升级并不是一次性的任务，而是一个持续的过程。随着技术的快速发展和用户需求的不断变化，网络管理员需要持续监控网络的运行状态，并根据需要进行适当的调整和优化。这既包括硬件和软件的定期更新，也包括配置和策略的持续优化。

通过全面而细致的规划、与各方利益相关者的紧密沟通，以及严格的执行和验证，可以最大限度地确保升级的成功，从而提供更高效、更可靠、更安全的网络环境，以满足高校计算机机房在教学和科研方面的多样化需求。

第五章　计算机机房的安全管理

　　本章着重讲述高校计算机机房在安全管理方面的各种考量和实践。安全管理在任何计算机环境中都是至关重要的，尤其是在教育机构中，这里不仅涉及教学数据、研究资料，还有个人隐私信息和敏感文档。由于计算机机房服务众多用户并储存大量数据，因此安全问题需要更细致的规划和实施。

　　物理安全是计算机机房安全管理的基础，涉及门禁系统、监控、火灾预防，以及机房布局等多个方面。任何物理威胁都可能导致数据丢失或损坏，因此必须做到全面防护。此外，应急疏散和员工培训也是确保机房安全不可或缺的一环。

　　数据安全则涵盖数据备份、恢复、加密和生命周期管理等内容。随着大数据和云计算的广泛应用，数据安全已经不仅仅是存储问题，还包括数据在传输、处理和访问过程中的全方位保护。与此同时，防病毒与恶意软件策略也是确保数据安全的重要手段。

　　网络安全在计算机机房管理中占有举足轻重的地位。本章将介绍网络安全协议、加密技术，以及应对各种网络攻击，如 DDoS 攻击的策略。随着网络威胁的多样化和复杂化，无害化和隔离技术也日益受到重视。除了外部威胁，内部安全也是一个需要考虑的重要方面。

应急预案的制订与实施是本章的另一重要内容。任何计划和措施都不能百分之百地确保安全，因此如何在安全事件发生后迅速有效地应对，是检验安全管理是否成熟的一项重要标准。应急预案不仅需要制订，还需要定期更新和改进。

总体而言，高校计算机机房的安全管理是一项系统工程，涉及多个层次和方面。通过全面而细致的规划、严格的执行，以及持续的监控和改进，才能确保机房的安全运行，从而支持教学和科研活动的正常进行。本章旨在提供一套全面的安全管理指南和最佳实践方案，以助力高校计算机机房在面对各种安全挑战时能够有备无患。

第一节　物理安全的保障

物理安全在高校计算机机房的整体安全框架中起着基础和关键的作用。没有妥善的物理安全措施，所有的数据加密和网络防火墙都可能变得毫无意义。这一部分旨在讨论如何通过一系列综合性措施确保计算机机房的物理安全，从而为教学、研究和日常管理提供坚实的基础。

高校计算机机房因其特殊性，不仅需要存储大量教学和科研数据，还需要保证设备的高效运行和数据的安全可靠。因此，物理安全覆盖的范围远不仅仅是传统意义上的门禁和监控系统，还涉及火灾预防、机房布局、应急疏散，以及人员培训等多个维度。

例如，门禁系统需要考虑到不同人员的权限分级，以便在确保安全的同时，不影响正常的工作流程。火灾预防不仅需要合适的报警系统，还需要与之配套的消防设备和应急响应计划。机房的布局和设计也需要从安全的角度出发，确保在紧急情况下可以快速疏散，同时防止任何非法入侵。

更进一步，物理安全还与其他类型的安全措施密切相关。例如，门禁系统可能需要与网络安全系统联动，以防范来自内部和外部的多重威胁。因此，物理安全不是孤立的，而是需要与数据安全、网络安全等其他安全措施形成一个统一和协调的安全体系。

一、门禁系统与监控

门禁系统与监控在高校计算机机房的物理安全中占据了重要地位。这两者构成了最初的安全屏障，目的是防止未经授权的人员进入敏感区域，同时确保所有进出和内部活动都处于监控之下。因此，这两个系统的设计、实施和管理都需要极为谨慎和专业。

高校环境下，人流量大且复杂，不同的人员有不同的权限需求。门禁系统应当具备灵活性和可配置性，以满足各种使用场景。一般而言，机房的门禁系统采用电子身份验证手段，如刷卡、密码、指纹或者面部识别等。其中，生物识别方式如指纹和面部识别更为安全，因为它们更难以被复制或模仿。当然，最安全的方式是采用多重身份验证，即需要两种或更多种方式的组合才能成功进入。

门禁系统不仅应该记录每一次的进出情况，还应该与计算机机房的其他管理系统（比如网络安全系统、人员管理系统等）进行信息共享和联动。这样，在出现异常情况时，如同一时间段内多次失败的进入尝试，就能及时触发报警，然后由专职人员进行迅速处理。

与门禁系统相辅相成的是监控系统。一套高效的监控系统应包括摄像头、录像设备，以及与之配套的软件。监控范围应涵盖机房的每一个角落，特别是入口和出口，还有存放重要设备和数据的位置。摄像头应具有高清、夜视和动态追踪等功能。所有的监控数据需要实时传输到一个安全的存储设备，并至少保存一段时间，以便后期查证。

除了硬件，监控软件也同样重要。一款优秀的监控软件不仅能实时显示多个摄像头的画面，还能自动识别异常行为，并在必要时自动触发报警。这样的智能化功能能大大提高系统的自动化程度，减轻人力负担。

门禁与监控系统也需要定期进行检查和维护，以确保其高效稳定地运行。所有的系统日志都应仔细保存，并定期进行审查。这不仅有助于检查系统的安全性，也是对内部管理和操作质量的一种反馈。

二、火灾预防与报警系统

在高校计算机机房中，火灾预防与报警系统的重要性不言而喻。机房内大量的电子设备，不仅价值高昂，而且运行时产生大量的热量。一旦出现火灾，后果不堪设想。因此，精心设计和维护火灾预防与报警系统是至关重要的。

火灾预防不仅包括对硬件和设备的管理，还涵盖机房内环境和操作人员的行为。通常，计算机机房会使用特殊的建材，这些材料具有较高的耐火级别。机房内部布局也需要设置防火分区，确保火源不易蔓延。机房内的电线电缆应遵循一定的标准，如使用非燃型或低烟型电缆，并确保电缆干净、整齐，减少火灾隐患。

对于热量管理，传统的风冷方式可能不够高效。因此，更先进的冷却方案，如液冷或相变冷却技术，正在被越来越多的机房所采用。这些冷却技术能更有效地将热量排出机房，降低火灾风险。如图5-1所示是火灾后的机房。

图5-1　火灾后的机房

（一）机房火灾的危害

机房火灾是一种非常严重的安全事件，其后果不仅对人员安全构成直接威胁，还对资料、通信系统及经济造成不同程度的损害。接下来将详细解析机房火灾在这四个方面的危害。

1. 机房火灾会对生命安全构成威胁

2011 年在上海武胜路的电信大楼内，13 楼的机房不幸起火。这场火灾造成了 5 名工人被困，尽管消防人员紧急出动并成功救出 4 人，但他们由于吸入大量有毒烟雾和烧伤，最终未能保住生命。仅有一名工人设法逃生并幸存下来。这个悲剧凸显了机房火灾对人员生命安全的巨大威胁。

2. 机房火灾会对资料造成损害

2006 年，英国伦敦的铁山公司的机房遭到了一场猛烈的火灾的侵袭，整栋大楼被火海吞噬。该公司负责人证实，超过 600 家企业的重要书面资料在这场火灾中全部损毁。这些资料包括企业的财务记录、客户信息，甚至国家级的重要数据，其损失是无法用金钱来衡量的。

3. 机房火灾会造成通信系统的瘫痪

2002 年，在海南省海口市的海府路通信楼，二楼无人值守的市话传输机房由于电线老化而起火。火灾导致了大量的通信中断和数据流量的延迟。包括金融系统、有线电视网络在内的多个关键系统受到影响，6500 个接入网用户和 52 个移动通信基站的运行受到严重阻碍。这场火灾的影响持续时间长、范围广，是全国少有的严重通信枢纽火灾。

4. 对经济造成巨大损失

2004 年，广东省清远市气象局办公大楼的五楼电脑主控室发生火灾。这场火灾造成了大约 500 万元的直接经济损失。除此之外，由于气象观测和气象预报工作的暂停，对当地经济和人们生活也产生了间接影响。原因很简单，那就是电线老化。

在信息化快速发展的今天，各类机房如雨后春笋般出现。这些机房不仅设备昂贵，而且关联到各行各业的正常运转。一场火灾可能会带来灾难性的后果，如生命受到威胁、资料遭到破坏、通信中断、经济损失巨大等。因此，对于机房的火灾防范措施，我们必须给予足够的重视和投资，以确保人员安全和系统稳定运行。

（二）机房火灾多重原因的分析

机房是现代企业和组织的数据和通信核心，其安全直接影响到组织的正常运行和信息安全。然而，机房火灾的频发让我们不得不深入探究其背后的多重原因。通常，机房内部的结构可以被分为三个主要区域：地板下、天花板上，以及地板和天花板之间的空间。下面我们将详细分析这些区域中火灾可能发生的原因。

1.电气问题：短路和过载

一般而言，机房起火的主要原因往往与电气问题有关。这些电气问题通常会在地板下或者天花板上的区域发生。由于这些区域通常不易观察到，因此火灾在初期就会释放大量的浓烟，而温度升高则相对缓慢。电气过载或短路可能是由电路设计不当、电缆老化或者维护不足导致的。

2.线缆损坏

在机房内，破损或老化的线缆也是火灾的一个重要触发因素。如果这些线缆没有得到及时的更换或修复，它们就可能成为火灾的导火索。线缆损坏可能是由于物理磨损、电流过载或者是材质劣质引发的。

3.设备故障和管理混乱

除了物理条件外，人为因素也不能忽视。电气设备或组件可能因为制造缺陷、使用不当或者维护不足而出现故障。另外，人为的误操作，比如对机房空间和设备的管理不当，也可能成为火灾的媒介。混乱的管理和维护往往会导致电气设备过载或者设备间的距离不当，从而增加火灾风险。

4.周边环境的火源蔓延

如果机房与其他建筑物的距离过近，或者与其他功能房间位于同一建筑内，那么外部起火的风险就会增加。一旦其他地方出现火灾，火势很可能通过机房的围护结构、门窗或者通风管道快速蔓延到机房内部。

（三）机房防火基础设施系统的设计

1.机房防火门设计

在防火安全方面，防火门起着至关重要的作用，特别是在数据和通信的核心区域——机房。防火门的基本职能在于，在特定时间内满足三大标准：耐火稳定性、完整性和隔热性。这三个因素保证了防火门不仅能阻止火势的蔓延，还能有效地阻挡燃烧产生的有毒烟气。

防火门通常安装在建筑物内的多个关键位置，如防火墙开口、楼梯间出入口、疏散通道和管道井口等。在平时，这些防火门作为正常的人员通行路径。然而，在火灾发生时，它们转变为生命安全和财产保护的重要屏障。其设计初衷最早源于船舶行业，但随着高层建筑数量的增加，防火门在建筑防火方面的重要性逐渐凸显。尤其值得注意的是，很多近年来发生的火灾，尤其是在人员密集的场所，很大程度上是由于疏散通道或安全出口的防火门存在问题导致的。这些问题包括门的质量、操作性能，以及是否按照规定进行了定期检查和维护。

对于高校计算机机房来说，防火门是最基础也是最重要的防火设施之一。由于机房内通常存储有大量的敏感和重要信息，任何火灾都可能导致不可估量的损失。设立高质量的防火门不仅能阻断火势的蔓延，还能有效地控制有毒烟气和高温的扩散，为人员的疏散和财产的保全争取宝贵时间。如果我们回顾之前提到的机房火灾实例，不难发现一个共同点：如果当时机房装配了合格的防火门和防火阀，很可能能有效地减缓火势的蔓延，从而减少人员伤亡和财产损失。计算机机房防火门如图5-2 所示。

图 5-2　计算机机房防火门

2.机房消防系统设计

计算机机房消防系统如图 5-3 所示。

图 5-3　计算机机房消防系统

①根据机房的特殊性，应采用气体灭火系统，并根据气体灭火的要求，设计系统所需的其他辅助电气设备。

②设置两个声光报警器，安装在灭火区域内、外各一个。

③设置一个气体紧急启动、停止按钮，安装在灭火区域外墙上。

④设置气体喷放指示灯一个，气体喷放指示灯是由灭火控制器接到气体管路上的压力开关动作后的返回信号来控制的。其他报警系统所需的设备，如手动报警按钮、消防警铃等，应按照消防规范设置。

3.机房探测器设计

①在地板下、天花板上各安装两种不同灵敏度的探测器，即在一个探测器的单位探测面积内设置两种不同灵敏度的探测器。

②地板下安装 1 个感烟探测器（如图 5-4 所示）、1 个感温探测器。

③天花板上安装 1 个感烟探测器、1 个感温探测器。

图 5-4　感烟探测器

4. 机房气体灭火的防护设计

①对于地下无管路下送风的空调系统，在灭火区域墙下安装电动防火阀（如图 5-5 所示），防火阀平时常开，以保证机房的空调送风量，在灭火时，全部关闭，以保证灭火区域的药剂不向外泄漏。

②安装在灭火系统区域的门，必须全部往外开启且安装闭门器。

③穿越灭火区域的空调管路，在两边安装电动防火阀。

图 5-5　电动防火阀

5. 机房里的预警和侦测设计

警报装置一般为警铃和声光报警器（如图 5-6 所示）。一些机房气体灭火工程中将警铃和声光报警器均安装在出口外，显然是警告外面的人员"机房内发生火灾"，而机房里面的人却不被警告。

机房作为企业或组织信息基础设施的核心，其火灾安全问题至关重要。任何失误都可能导致财物损失，甚至可能威胁生命。因此，在机房内部建立一套有效、全面的火灾预警系统是防火安全工作中的重要一环。理想的情况是，在机房内同时设置警铃和声光报警器。这两者各有其独特的作用和优势。警铃的主要功能是在初级火情阶段及时提醒机房内的工作人员。简单来说，当探测器发现异常温度或烟雾时，警铃就会立即响起。声光报警器作为一个更高级别的预警机制，只有在火情被系统确认并进入延时喷放阶段时才会启动。声光报警器不仅发出声响，还会发出灯光，提供更加明确和紧急的警告。为了确保机房外部的人员也能得到及时的预警，最佳做法是在出口外并联一个警铃，并在门外设置放气指示灯。这样，在火情发生时，无论是机房内还是机房外的人员都能得到明确的警告，大大提高了灭火和人员疏散的效率。不可忽视的是高敏感度侦测设备的作用。这些设备能在火灾的最初阶段——比如电源过热时产生的第一缕烟——立即发出警报。这为人员的及时疏散和灭火工作争取了宝贵时间，减少了因延迟发现火情而导致的潜在损失。

图 5-6　声光报警器

综合使用警铃和声光报警器，再配合高敏感度的侦测设备，可以极大地提升机房火灾安全水平。这一全方位、多层次的预警体系不仅能有效提醒机房内外的人员，还有助于火情发展进度的准确把握，从而为灭火和人员疏散工作提供了有力支持。在火灾防控工作中，这无疑是一种非常值得推广和应用的最佳实践。

6.机房设备与线缆定期检查与换新

像 UPS 房间要定期进行检查一样，一些老化的 UPS 更是要多加防范，要增加对 UPS 正常运行的监控次数。要提前设置好监控机房内 UPS 输入电压、输出电压、电流、频率等各项参数，设置报警参数，设备出现故障即达到报警参数设置范围，可随时发出警告。机房里面的线缆不能乱拉乱扯，要定期进行检查。损坏的管线要及时换掉，避免火灾的发生，应采用阻燃型或耐火型的电源线，并加护套保护，穿越机房的管线应暗设。电源线与信号线不能同槽或交叉铺设。机房常年运行不停息，随着通信设备自动化程度的日益提高，机房作为现代通信的枢纽，其安全工作已成为重中之重。一旦发生火灾，将导致整个通信网络的瘫痪，造成严重的财产损失和社会影响。而防范胜于救灾，只有提高对火灾的防范意识，落实各项防范措施，才能有效避免火灾事故的发生，确保机房发挥其重要作用。

然而，即使预防工作做得再好，仍然不能完全排除火灾发生的可能性。因此，报警系统作为应对突发事件的最后一道防线，其性能和可靠性必须得到充分保证。火灾报警系统通常包括感烟探测器和感温探测器，它们会分布在机房的各个角落，并实时将数据传输到中央监控系统。

当探测器检测到异常情况时，中央监控系统会立即触发报警，通知机房管理人员和相关安全部门。在一些更先进的系统中，还能自动启动灭火装置，如气体灭火系统，以减缓火势蔓延速度。同时，报警系统也应与电力系统、门禁系统等进行联动，确保在火灾发生时能够迅速切断电源，打开紧急出口。

除了硬件设备，培训和演练也是火灾预防与报警系统中不可或缺的一环。机房操作人员应该定期接受火灾安全培训，并进行实际演练。这不仅有助于提高机房操作人员对火灾风险的认识，也能在紧急情况下确保他们能够迅速而正确地采取措施。

火灾预防与报警系统在确保高校计算机机房安全方面具有不可替代

的作用。从环境布局到设备选型，再到操作人员培训，每一个环节都需要仔细规划和执行。只有这样，才能最大限度地减少火灾风险，确保机房和其中存储的重要数据得到有效保护。

三、机房布局与防护设计

机房布局与防护设计是构建一个安全、高效的高校计算机机房不可忽视的方面。优秀的设计能在多个层面提供保障，如物理安全、设备性能和维护便利性。

设计之初，选址是关键。考量因素包括地理位置、楼层高度和邻近环境。地下或底层更容易受到水患的影响，而高层则可能面临更复杂的消防救援情况。同样，邻近的化学实验室、食堂等潜在火源也是重要的考虑因素。

空间布局应确保足够的流通空间和高效的散热方案。机柜和走道之间需要有足够的距离，以便人员可以方便地进行日常维护和紧急情况下的快速疏散。在这种背景下，引入模块化和可扩展的设计理念显得尤为重要。这样做有助于将来的扩展或重新配置，而无须进行大规模的改动。

电源布局同样关键，需考虑电源负载平衡和冗余。机房布局与防护设计应确保电源插座分布合理，不仅应满足当前的电源需求，还应预留一定的余量以便未来扩展。除了主电源外，还需要设置 UPS 和紧急发电机，以确保在断电或其他紧急情况下，关键设备能够持续运行。

网络布局通常包括有线和无线网络的组合。有线网络为大数据量传输提供稳定的基础，而无线网络则提供了灵活性和方便性，特别是对于移动设备如笔记本电脑和手机。因此，网络交换机和路由器的位置需要仔细规划，以最小化数据传输的延迟和损耗。

安全性也是布局和设计中不可或缺的一环。门禁系统应设置在机房的各个入口处，以限制未经授权的人员进入。机房内应安装足够数量的摄像头和其他监控设备，以实时监控机房的内部情况。

灭火系统通常包括自动灭火系统和手动灭火器。自动灭火系统主要用于扑灭大面积火源，而手动灭火器则更适用于扑灭小型火源。值得注意的是，灭火系统的选择应根据机房内部设备和存储介质的特性来进行，以最大限度地减少灭火过程中对设备和数据的损害。

最后，机房的布局和设计应经过全面而仔细的考量，以符合现有需求，还有未来潜在的需求。通过综合考虑地理位置、空间布局、电源和网络需求以及安全防护措施，可以建立一个既安全又高效的计算机机房，有效地支持高校的教学和研究活动。

四、应急疏散与培训

应急疏散与培训在高校计算机机房的物理安全保障中占有一席之地。这两个方面常常被视为紧急情况下的"最后一道防线"，但事实上，它们应该被纳入整体安全规划的早期阶段。合理的应急疏散规划和全面的培训不仅能最大限度地减少人员伤亡和资产损失，还能减缓因紧急事件而可能引发的连锁反应。

计算机机房应急疏散的设计取决于多个因素，包括机房的地理位置、结构布局，以及内部设备和人员的分布。疏散通道和出口应当清晰、宽敞，并且容易辨认，标识也须明确、可见。其中的疏散指示标志和应急灯应当具备备用电源，以确保在断电情况下仍能正常工作。另外，疏散路线应避开高风险区域，如化学品存储处或易燃物品区。

但仅有合理的疏散设计还远远不够，必须进行定期的演练和培训，确保所有在机房工作或访问的人员都熟悉这些疏散路线和程序。培训内容不仅应包括如何疏散，还应涵盖如何使用灭火器、急救箱以及其他紧急设备。针对不同类型的紧急情况，如火灾、地震或恶意攻击，应有不同的疏散和应对策略。

除了传统的面对面培训外，线上模拟演练也越来越受到重视。这类模拟演练可以模拟各种紧急情况，让参与者在相对安全的环境中学习应对策略，从而提高其在实际情况下的应对能力。

紧急状况下的信息传递也是一个不可忽视的环节。应急通信系统，如内部广播或紧急短信通知，应当能够迅速而准确地将信息传达给所有人员。这样做不仅能加速疏散过程，还能降低由于信息不对称或误传而造成的额外风险。

在培训内容设计上，除了基础的疏散操作和设备使用，还应当增加一些高级主题，如危急情境下的心理应对、紧急医疗救助技巧等。这些内容能够让人员在紧急情况下更加冷静、有效地行动，从而提高整体的应急响应能力。

与此同时，应急疏散与培训的方案和内容应当是动态的，需要定期进行审查和更新。随着机房硬件的更新换代、人员流动以及应急响应技术的进步，原有的疏散和培训方案可能已经不再适用或有待完善。

五、高校计算机机房防雷安全设计管控

在现代社会，通信技术和网络技术的快速演进让计算机与网络渗透到生活和工作领域，预示着一个全新的数字化、信息化时代。随着这一变革，微电子网络设备越发普遍，而这些设备的防雷问题也日益凸显。微电子设备往往具有高密度、高速度、低电压和低功耗的特性，因此对雷电过电压、电力系统操作过电压、静电放电和电磁辐射等各种电磁干扰特别敏感。防护不足可能会造成重大损失，不仅仅是设备的物理损害，更可能导致系统通信中断和工作停滞，造成的间接损失更是难以估量。

当谈到网络集成系统，通常涉及主服务器、中心交换机、各分交换机及路由器、服务器，以及大量的终端设备。主机机房内的中心交换机是这一体系的心脏，它通过广域网路由器与外界相连，并通过光纤与各

分交换机相连接，而分交换机则通过集线器与各用户终端保持连接。

考虑到这些复杂的网络结构，防雷问题的重要性不言而喻。实际上，一旦中心交换机或主服务器受到雷电影响，可能导致整个网络系统瘫痪。为了防范这种情况，必须在整个网络体系中部署全面的防雷措施。例如，专用的防雷设备，以及通过软件算法来实现的电压和电流监控等。

不可忽视的是，现代的微电子设备常常位于高楼大厦、数据中心或其他重要的基础设施内，这些地方更容易受到雷电等自然灾害的威胁。因此，除了在设备上施加物理防护外，还需要考虑整个建筑物的防雷设计。例如，外部的避雷针、电缆的专用防护层，以及内部的电气隔离措施。

（一）防雷设计

防雷设计是一个多方面的综合性工程，旨在保护建筑物及其中的电子网络设备免受雷电的损害，或至少将这种损害降到最低。设计时需要从整体防雷的角度出发，包括以下几个关键方面。

1.直击雷的防护

直击雷的防护是整体防雷工程的基础。这是因为，按照国际电工委员会的估算，没有直击雷防护的情况下，几乎所有的雷电流都会通过建筑物的导体型线路（如电源线、信号线等）流动，从而造成严重的损害。因此，使用避雷针、避雷网、避雷线和避雷带是至关重要的，这些都需要与一个良好的接地系统配合使用。这样不仅可以保护建筑物免受雷击破坏，还能为建筑内的人员和设备提供一个相对安全的环境。

2.电源系统的防护

据统计，微电子网络系统中超过80%的雷害事故是因为电源线路上感应的雷电冲击过电压引起的。这一点凸显了电源系统防护在整体防雷中的重要性。通常，可以通过在电源入口处安装专用的防雷器来实现电源系统的防护。这些设备能够在检测到过电压时迅速断开电源，从而避免或减少因雷击造成的损害。

3.网络信号系统的防护

即使电源和通信线路都安装了防雷设备，网络线路（如双绞线）上的雷击依然可能影响网络的正常运行甚至完全破坏网络系统。雷击时产生的巨大瞬变磁场在 1 km 范围内都能造成极强的电磁干扰。因此，对网络传输线路的防护显得尤为重要，这通常包括在重要连接点安装浪涌保护器和使用屏蔽电缆。

4.等电位连接

在主干交换机所在的中心机房，应设置均压环。这个均压环将连接机房内所有的金属物体，包括电缆的屏蔽层、金属管道、金属门窗、设备外壳，以及所有进出大楼的金属管道。这种等电位连接有助于在整个系统中均衡电位，从而减少因电位差引起的电弧或电击。

5.接地

良好的接地系统是整体防雷措施中不可或缺的一环。这通常包括制作专门的防雷地网，作为避雷针、避雷带和避雷器等设施发挥作用的基础。

为了最大限度地减少雷电对建筑物和电子设备的潜在损害，必须从多个方面综合考虑防雷设计。这不仅需要科学、系统的规划，还需要严格按照相关国家和国际标准实施。只有这样，才能在雷暴季节为人们和贵重设备提供最大限度的安全保障。

（二）防雷施工

对于网络集成系统，防雷施工是一个至关重要的环节，特别是在电源线路和信号传输线路方面。下面详细介绍各个方面的防雷施工方法。对于总配电房的电源进线，建议使用铠装电缆进行铺设。这样的电缆在设计上已具有很好的防护效果，能够有效减少雷电和其他电磁干扰。电缆铠装层的两端必须进行良好的接地处理，以确保电缆的防护性能。如果无铠装电缆用于电源进线，那么一种可行的方法是将电缆穿过钢管进行埋地铺设。钢管两端应进行良好的接地，并且埋地长度不应小于 15 m。这样可以减少由于地面电位差引发的电压冲击。从总配电房至各大楼的配电箱和机房楼层配电箱的电力线路也应使用铠装电缆进行铺设。这是为了减少雷电或其他因素可能引发的电源线路感应过电压。

根据国际电工委员会的防雷规范，电源系统需要进行三级防护。

一级防护：在总配电房的配电变压器低压侧，应安装通流容量为 100～150 kA 的一级电源防雷箱。

二级防护：在各大楼的总配电箱处，建议安装通流容量为 60～80 kA 的二级电源防雷箱。

三级防护：对于机房内的重要设备（如交换机、服务器、UPS 等），应在电源进线处安装最大通流容量为 40 kA 的三级电源防雷箱。

对于光纤，由于其自身的非导电性质，通常不需要特别的防雷措施。然而，如果采用了铠装光纤，并且是架空铺设，那么其金属部分必须接地，以防因金属部分导致的感应雷击。双绞线由于其屏蔽效果较差，因此容易受到雷电感应。在这种情况下，通常会在屏蔽线槽内进行铺设，并确保线槽进行良好的接地。

信号线路通常比较敏感，轻微的电压波动都可能导致数据传输错误或设备损坏。因此，在信号线路上也需要安装专门的防雷设备。一般来说，在网络信号线进入广域网路由器之前会安装信号防雷器，并且在各个重要的节点，如主干交换机、主服务器及各分交换机，都会安装防雷器。

防雷工程是一项综合性工程，需要细致的规划和实施。从电源线路到信号线路，从一级防护到三级防护，每一个环节都不能忽视。并且，所有的这些硬件防护措施都需要一个良好的接地系统作为支持。只有综合考虑所有因素，才能构建出一个全面而有效的防雷保护体系，确保网络集成系统的安全和稳定运行。

（三）机房防雷的总体方案

由于机房电力供给是由建筑物的主配电引入的，所以电源高压端的防雷保护已由电力供电部门实施。对于 UPS 系统的防雷保护，应采取以下的方案。

1. UPS 系统的防雷保护

由于机房 UPS 设备是用于为机房内系统各用电设备提供稳定、可靠和高质量的用电环境的唯一重要设备，并且是由市电供电输入机房的主要途径，所以将电源系统防护的重点放在了对 UPS 的保护上。建议采用如下的电源系统防雷保护方案，以最经济的投入达到最佳的防护效果。

在机房专用配电柜、UPS 处进行防雷保护，具体的防护措施如下。

（1）一级保护：在机房专用配电柜前安装三相电源防雷器（单相电源防雷器）。

（2）二级保护：在 UPS 前安装三相电源防雷器（单相电源防雷器）。

（3）三级保护：在重要设备处安装电源防雷插座。

2. 通信系统的防雷与过电压保护

需要防雷的通信系统主要是指由户外引至户内的通信线路，主要包括网络通信线路、专线、视频线路等。如果信号线路都用光纤传输，可以不做保护，但光纤两端要接地。如果不选用光纤，则须按信号线路种类选取防雷器。

3. 防雷器的安装、接线

（1）防雷器的作用是对雷电流的吸收和释放，所有的防雷产品必须接地。

（2）防雷器串联或并联在被保护设备与信号通道之间。

（3）信号防雷器的输入端（IN）与信号通道相连，输出端（OUT）

与被保护设备相连并紧靠被保护设备安装，不能接反。

（4）把防雷器的接地线与防雷系统接地线建立可靠连接，接线越短越好，最长不能超过 1 m。

六、防其余干扰源

（一）防电磁干扰

计算机是电子设备，不可避免地会受电磁干扰的影响。当把手机放在显示器旁，如有电话打入时，会发现显示器的屏幕上出现波动条纹，这就是受到了电磁干扰。

电磁干扰包括传导干扰和辐射干扰。传导干扰是指通过导电介质把一个电网络上的信号耦合（干扰）到另一个电网络，辐射干扰是指干扰源通过空间把其信号耦合（干扰）到另一个电网络。电磁干扰的来源主要有以下几种。

（1）大功率发送设备发射的信号及高次谐波辐射产生的干扰。例如，广播、发送电台、无线电通信设备、雷达发送设备发射的信号及其谐波通过接收天线产生的干扰，以及受电源线、电话线、有线电视电缆的干扰等。

（2）发电机产生的市电频率不纯，不是严格的 50 Hz 正弦波，而是含有很多谐波，尤其是次谐波的幅度比较大，这些含有谐波的市电将对用电设备产生干扰。

（3）计算机本身就是一个强大的电磁辐射发生器，内部的主板上混合了各种高频电路、数字电路和模拟电路，它们在工作时会互相干扰。据资料统计，CPU、内存、I/O 接口、传输线、电源线等部位都有较强的电磁辐射。

（二）电磁干扰的防范

电磁干扰对于现代计算机系统和电子设备来说，是一个不可忽视的问题。它不仅会导致系统性能下降，甚至可能引发系统崩溃或数据丢失。因此，针对电磁干扰的防范措施显得至关重要。通常，防范电磁干扰的策略可以从干扰源和受干扰设备两个方面入手。

1.硬件与软件设计

（1）硬件设计。在硬件设计阶段，应注重电磁兼容性设计。例如，选用抗干扰性能较好的元件、对关键电路进行屏蔽处理，以及合理布局和布线。

（2）软件设计。软件方面也可以采用多种手段来减少电磁干扰的影响。比如，冗余技术可以在主要信号受到干扰时自动切换到备用信号，容错技术、标志技术和数字滤波技术等也都是非常有效的抗干扰方法。

2.屏蔽与接地

（1）机房屏蔽。对于重要的计算机系统和网络设备，通常会在特制的机房内进行部署，该机房应具备良好的屏蔽性能。

（2）设备屏蔽。对于个别的关键设备或部件，可以采用屏蔽罩或屏蔽箱进行保护。

（3）接地设计。良好的接地不仅可以提高设备的抗干扰性能，还有助于确保用户安全。接地设计应包括交直流接地、高频接地、防雷接地和安全接地，并根据实际需求进行合理布局。

3.隔离与布线

（1）部件隔离。将容易耦合的部件适当远离并进行屏蔽隔离。

（2）导线布局。为减少电磁干扰，导线应尽量靠近地面，同时避免长距离的平行布线。当需要跨越其他导线或设备时，应采用垂直交叉的布线方式。

总体来说，电磁干扰的防范是一个需要考虑很多方面的综合工程，需要从硬件设计、软件设计、屏蔽与接地，以及隔离与布线等多个方面来考虑。通过这种多角度、多层次的方法，能有效地减小电磁干扰对计算机系统和电子设备的影响，确保其稳定、高效地运行。

（三）振动控制

机房的振动主要来自内、外两部分。外部振源主要是机房附近的大型机组、重型加工、施工设备、公路、铁路、航空运输站、路轨等，内部振源有空调、电源、打印机等机房外围设备及机房工作人员自身的影响。

振动也是造成计算机故障的一个重要原因，尤其是计算机处于工作状态时，如不慎发生碰撞，很可能会造成硬件损坏。在计算机工作时，硬盘中的磁头高速飞行在盘片上约几微米的地方存取数据，如果这时候晃动了计算机，则易使磁头撞击硬盘盘片的表面，造成不可修复的硬盘物理损坏。

对于振动条件，根据其影响及振动的不同，可分为以下三类。

（1）连续振动：指振动持续时间在 5 秒以上。

（2）短期振动：指振动持续时间不足 5 秒。

（3）运输振动：包装运输状态时的振动。

（四）防振措施

对机房外部振源，应在机房设计时尽量避开，若无法避开，则应在建筑设计时采取必要的防振和隔振措施；对机房内部振源，产生较大振动的设备应采取建筑结构隔离措施，防止振动扩大和传播，在设备吊装、搬运过程中采取相应措施防止设备倾倒、被冲撞等。

（五）防水、鼠害和虫害

计算机机房和相关电子设备的安全运行不仅受到硬件和软件问题的影响，还受到一些传统安全问题的威胁，如水患、鼠害和虫害。这些问题可能听起来非常基础，但忽视它们可能会导致灾难性的后果。

一般来说，电子设备是不应接触水的。水是良好的导体，一旦进入电子设备或电气系统，可能会引发短路，甚至引发火灾。在最坏的情况下，可能会导致整个机房停机，造成数据丢失和设备损坏。计算机机房的水通常来自建筑物的漏水、机房的空调系统、管道设计缺陷，以及人为因素，如机房工作人员的不慎处理。为了防止这些情况，需要采取一系列措施。这包括建筑物的防水设计，尤其是在屋顶和墙壁方面，以及管道和空调系统的严格审查和维护。除此之外，机房工作人员需要接受严格的培训，以确保他们不会不慎将水引入敏感区域。

鼠害和虫害问题。这些小动物和昆虫可能看似无害，但它们可以对电缆和其他硬件造成严重损害。例如，老鼠可能会咬断电缆，而某些虫害可能会腐蚀电子元件。这些问题通常是由机房的不良环境条件引起的，比如潮湿和不卫生。因此，解决计算机机房的鼠害和虫害问题的重点应放在预防上，例如密封所有可能的入口和确保机房的干净整洁。在一些特殊情况下，可能还需要使用化学手段来进行灭鼠或灭虫。

维护一个安全的机房环境是一个多层面的任务，涉及多个方面的综合管理和预防措施。这不仅包括电子和软件设备的维护，还包括对基础设施和环境因素的严格控制。通过综合应用这些方法，我们不仅可以预防硬件和软件故障，还可以有效地避免因忽视基本安全问题而引发的潜在风险。这样做需要一个多学科的团队，以及一套全面的安全准则和操作程序，但这是确保数据和硬件安全的重要组成部分。毕竟，在信息技术日益成为我们日常生活和工作的关键组成部分的今天，任何对这些系统的威胁都不能掉以轻心。

第二节 数据安全的保障

数据安全在高校计算机机房的日常管理中具有至关重要的地位。对于任何教育机构来说，信息和数据都是其最重要的资产之一，尤其是在如今这个数据驱动的时代。高校计算机机房不仅储存了教学、研究、管理等多个方面的数据，还承载了众多教育应用和网络服务，因此，任何数据泄露或损坏都可能导致严重的后果，从影响教学质量到破坏学校声誉，甚至可能触及法律责任。

数据安全的保障不仅仅是技术问题，更是一个涉及制度、管理、人员培训等多个方面的综合问题。因此，需要综合考虑物理安全、网络安全以及数据管理等多方面因素，构建一个全方位、多层次、高效可靠的数据保护体系。

在高校环境中，数据安全的挑战尤为复杂，因为这里涉及多种用户，如学生、教职员工、外部访问者等，以及多样的数据类型，如教学资料、研究数据、个人信息和行政管理信息等。高校计算机机房还需考虑如何与外部系统和数据源进行安全的集成和交互。

本节将深入探讨数据安全的各个方面，包括数据备份与恢复策略、数据加密与隐私保护、数据生命周期管理，以及防病毒与恶意软件策略，旨在为高校计算机机房提供一个全面而实用的数据安全保障方案。

一、数据备份与恢复策略

数据备份与恢复策略在高校计算机机房的数据安全保障中起到了举足轻重的作用。失去数据不仅会造成学术研究的停滞，还可能影响到教学和行政管理，甚至可能导致学校声誉受损或法律问题。因此，一个安全、可靠的数据备份与恢复策略是每一个高校计算机机房不可或缺的一部分。

数据备份主要分为本地备份和远程备份。本地备份通常是把重要数据复制到同一地点的另一个存储设备，这样在数据丢失或损坏时能够迅速恢复。但本地备份不能防止因火灾、水灾或其他自然灾害导致的数据丢失。因此，远程备份成了更为安全的选项，即将数据备份到地理位置分散的多个数据中心。

对于数据备份周期的选择，一般根据数据的重要性和变化频率来定。教学资料和行政管理数据通常是长期存储的，不需要频繁备份。但对于经常更新的研究数据或学生信息，应设置更短的备份周期，甚至实时备份。

除了备份，数据恢复同样重要。一个好的数据恢复策略不仅需要能够迅速找回丢失或损坏的数据，还需要在不同的灾难场景下都能执行。在设计数据恢复策略时，通常会进行灾难恢复演练，以测试数据恢复的速度和准确性。

数据备份与恢复也需要考虑数据的完整性和一致性。如果备份数据在传输过程中被篡改或者因为设备故障而损坏，那么恢复出的数据将是不可靠的。因此，需要采取加密和校验等手段来保证数据在备份和恢复过程中的安全。

为了确保数据备份与恢复策略的有效性，还需要定期进行审计和更新。随着技术的发展和数据量的增加，原有的备份和恢复方案可能已经不能满足需要。例如，随着云存储和分布式存储技术的成熟，许多高校计算机机房已经开始将这些新技术整合到自己的数据备份与恢复策略中。

二、数据加密与隐私保护

数据加密与隐私保护在高校计算机机房中尤为关键，因为高校经常处理敏感的学术研究数据、学生个人信息和教职工的个人数据。这些信息若落入不法分子的手中，可能会造成严重的后果，如学术不端行为、个人隐私泄露和法律纠纷等。因此，强大的加密与隐私保护措施不仅是合规要求，也是维护高校声誉和学术完整性的必要措施。

数据加密通常分为传输加密和存储加密两大类。传输加密主要是保证数据在网络传输过程中的安全，避免被截获或篡改。这通常是通过 SSL/TLS 协议或者 VPN 隧道来实现的。存储加密则是对存储在物理介质上的数据进行加密，确保即便存储设备丢失或被盗，数据也不会轻易被解析。

对于隐私保护，通常包括对个人信息进行去标识化或脱敏处理，以及设置严格的数据访问权限。去标识化或脱敏处理是指将数据中可以用来识别个人身份的信息进行隐藏或替换，以防止隐私泄露。数据访问权限则需要根据职责分配，确保只有被授权的人员才能访问敏感信息。

在实际操作中，数据加密和隐私保护往往需要与其他安全措施相结合，形成一个多层次、全方位的安全防护体系。比如，数据加密通常会与防火墙、入侵检测系统和数据备份等措施一起使用，以增加安全性。

软件和硬件的选择也非常关键。高质量的加密软件和硬件加密模块可以大大提高数据的安全性。选择符合国际加密标准的加密算法和协议也是非常重要的。

人为因素也不容忽视。教育和培训是提高数据加密与隐私保护的有效手段之一。所有涉及数据处理的人员，包括 IT 管理员、教职员工和学生，都应接受关于如何安全处理数据的培训。

随着法律法规的不断更新和技术的快速发展，对数据加密与隐私保护也需要不断地进行审视和更新。例如，应定期进行安全审计，检查现有的加密和隐私保护措施是否仍然有效，是否符合最新的法律法规要求。

数据加密与隐私保护是高校计算机机房数据安全不可或缺的组成部分。它们保障了教学和研究数据的安全，维护了学校和个人的声誉，也符合了合规性的要求。通过技术、管理和培训等多方面的综合措施，可以有效地提高数据的加密级别和实现隐私保护，从而为高校计算机机房提供坚实的数据安全保障。

三、数据生命周期管理

在高校计算机机房环境中，数据生命周期管理至关重要，因为它涉及多个领域，包括但不限于教学、研究、行政以及学生事务。每一个数据项从生成到存储、处理、传输、使用，到最终删除或归档，都需要经历一个复杂的过程。正确和高效地管理这一过程不仅有助于保护数据安全，还能优化数据质量和提升数据使用效率。

数据生命周期的最初阶段是数据的生成或收集。在这一阶段，应明确数据的来源、性质和用途，以便后续进行适当的管理和保护。例如，教学研究数据通常涉及学术成果和专利，需要特别关注其保密性和完整性。

生成或收集的数据进入存储阶段后，就要考虑如何有效地存储和备份这些数据。存储解决方案，如本地磁盘、网络存储或云存储等，取决于数据的大小、安全级别以及访问需求。不同类型的数据可能需要不同的存储策略。例如，实验数据和学生成绩就需要不同级别的安全措施和访问权限。

在数据的使用阶段，访问控制成为关键因素。需要确保只有被授权的人员才能访问或修改数据，以防止未经授权的访问或篡改。在这一阶段，数据的完整性和可用性也是不容忽视的因素，特别是在数据被频繁读取或修改的情况下。

数据传输是数据生命周期中另一个关键环节，因为数据在传输过程中容易被截获或篡改。因此，加密和安全传输协议在这一阶段显得尤为重要。

当数据不再需要或已经过期时，就进入了数据生命周期的最后一个阶段：删除或归档。这一阶段同样需要严格的管理和控制，以确保数据被安全地删除或长期存储。对于需要保存的数据，应选择合适的归档解决方案，并在必要时进行数据迁移，以适应技术发展或合规要求的变化。

除了上述各个阶段的管理外，数据生命周期管理还需要综合各类因素，包括合规性、审计以及持续改进。这些因素不仅影响单一阶段的管理，还会影响数据生命周期管理作为一个系统整体的效能和安全性。

实践证明，成功的数据生命周期管理需要多部门和多层次的合作，包括 IT 部门、行政部门、教职员工和学生。通过跨部门的沟通和合作，以及对新技术和法规的持续关注，可以确保数据在其整个生命周期内得到高效、安全和合规的管理。

四、防病毒与恶意软件策略

在高校计算机机房环境中，防病毒与恶意软件策略尤为关键。高校计算机机房通常是信息密集和技术依赖型的场所，病毒和恶意软件通常会以这些场所为目标。这种恶意活动不仅可能影响个人数据的安全，还可能威胁到教学、研究和行政活动。

为应对这种威胁，采用多层次、多维度的防护策略是至关重要的。从最基础的端点防护，即个人计算机和移动设备，到复杂的网络结构，包括服务器、数据库和应用，都需要细致的安全规划。

端点防护通常通过安装杀毒软件来实现。这些软件需要定期更新，以应对新出现的病毒和恶意软件。对用户进行安全意识培训也是必不可少的一步，因为很多恶意软件是通过诱骗用户点击恶意链接或下载可疑文件而传播的。

在网络层面，防火墙和入侵检测系统等工具可有效识别和阻断异常流量或攻击行为。这些工具通常与杀毒软件相互补充，为计算机机房提供更全面的防护。

除了硬件和软件的防护措施外，操作规程也是防范病毒和恶意软件的有效手段之一。例如，限制用户访问权限，尤其是对敏感信息和重要系统，能够显著降低被攻击的风险。

在面对病毒或恶意软件攻击时，快速、准确地响应是解决问题的关键。所有的安全事件，无论大小，都需要记录和分析，以便了解攻击的来源和性质，并据此调整防护策略。进行定期的安全演练可以检验整体防护体系的有效性，提高用户和管理人员在真实攻击发生时的应对能力。

防病毒与恶意软件策略不是一成不变的，需要随着技术和威胁环境的变化而不断调整和更新。例如，随着云计算和移动设备的广泛应用，传统的防护方法可能已不再适用，需要引入新的解决方案和技术。

与其他安全措施一样，防病毒与恶意软件策略也需要全员参与和多部门合作。仅靠 IT 部门或安全团队是不够的，需要教职员工、学生，乃至行政人员共同努力，形成全面、高效的安全防护体系。

在高校计算机机房环境下，防病毒与恶意软件策略应贯穿于硬件、软件和操作各个层面，通过综合应用多种技术和方法，达到既高效又可持续的防护效果。而随着技术的不断发展和威胁环境的变化，这一策略也需要持续更新和完善，以应对日益复杂和多变的安全挑战。

第三节　网络安全

在高校计算机机房的运行环境中，网络安全不仅是技术问题，更是一项影响整体教学、研究和行政工作的关键因素。无论是学术研究、数据分析还是在线教学，网络安全都起到了至关重要的作用。因此，网络安全的保障已经从一个边缘话题发展为整个计算机机房管理中不可或缺的一部分。

网络安全的重要性不仅在于防范外部攻击，还包括内部威胁和数据泄露的防控。为此，本节将深入探讨如何在高校计算机机房中实施全方位、多层次的网络安全保障措施。具体内容包括安全协议与加密技术、对抗 DDoS 攻击的策略、无害化和隔离技术，以及内部与外部安全威胁的应对方法。

　　通过本节的阐述，希望能提供一份翔实的指导手册，以帮助高校计算机机房管理人员、技术人员和使用者更好地理解网络安全的复杂性和多维性，并据此采取有效的防范和应对措施。我们将从理论与实践相结合的角度，提出一系列切实可行的解决方案和建议，旨在构建一个安全、稳定、高效的网络环境，以支持高校的教学和研究活动。

一、安全协议与加密技术

　　安全协议与加密技术在高校计算机机房网络安全的构建中占有举足轻重的地位。对于任何现代网络环境来说，没有强大的加密技术和可靠的安全协议，所有的数据传输活动都可能受到威胁。特别是在高校计算机机房这样开放和复杂的环境中，学生、教职工和访客的网络行为多种多样，网络安全问题更为突出。

　　SSL/TLS 协议是当前互联网中应用最广泛的安全协议之一，主要用于保护 Web 浏览器和服务器之间的数据传输。在高校计算机机房环境中，该协议通常用于保护学术资源数据库、教务系统等 Web 应用。SSL/TLS 协议不仅可以确保数据的机密性，还提供数据完整性和身份验证机制。

　　与此同时，互联网络层安全协议（internet protocol security，IPsec）常用于构建 VPN，以实现校园内外网络的安全互联。这在远程教学、数据分析等方面尤为重要。IPsec 通过在 IP 层对数据进行加密和解密，确保数据在传输过程中不会被非授权用户截获或篡改。

　　当谈到加密技术时，不得不提对称加密和非对称加密两大类别。对称加密算法如 AES 和三重数据加密算法（triple data encryption algorithm，TDEA），在计算机机房中主要用于文件加密和内部网络数据传输加密。而非对称加密算法如 RSA 密码体制和差错校验，则更多地用于身份验证和数字签名等场景。

安全协议与加密技术的选择并不是一成不变的。由于网络攻击手段和工具不断升级，安全防护也需要随之更新。比如，随着量子计算能力的提升，传统的 RSA 密码体制可能会受到威胁，因此需要逐步引入量子安全的加密算法。

除了选用合适的协议和加密算法外，还需要关注其在实际运行中的性能和可用性。例如，过于复杂的加密算法可能会消耗过多的计算资源，影响机房服务器和网络设备的运行效率。

在实际操作中，安全协议与加密技术的配置和维护也需要专业的网络和安全人员来完成。例如，证书的申请、安装和更新，加密算法的选择和配置，以及定期的安全审计和测试。

二、对抗 DDoS 攻击的策略

在高校计算机机房环境中，DDoS 攻击是一个不容忽视的安全问题。这种攻击通过海量的垃圾流量淹没目标服务器或网络，导致合法用户无法正常访问服务器。由于高校通常是开放和自由的环境，攻击者可能更容易找到漏洞进行攻击。因此，制定有效的对抗 DDoS 攻击的策略是至关重要的。

在网络架构方面，多层防御机制被认为是一种比较有效的方法。即在网络的不同层次，部署不同类型的防护设备和软件。例如，边界路由器上可以实施流量过滤，内部网络则可以部署防火墙和入侵检测系统。

对于流量的识别与过滤，可以采用基于行为的分析方法。这种方法通过对网络流量的实时监测和分析，来区分合法和非法流量。一旦检测到异常流量，系统将立即触发警报并自动屏蔽该流量。这样做的好处是可以更准确地识别各种复杂和多变的攻击模式。

云防护服务也逐渐在高校计算机机房中得到应用。这些服务能够提供更强大和灵活的 DDoS 防护能力，因为它们拥有大量的资源和先进的技术。由于云服务通常都有全球的数据中心，这也有助于更快地识别和拦截 DDoS 攻击。

人工智能和机器学习技术也在对抗 DDoS 攻击中显示出巨大的潜力。通过训练算法识别正常与异常的网络行为，系统能够更早地发现潜在威胁，并采取适当的应对措施。

无论采取哪种防护策略，教育和培训都是至关重要的。网络管理员和普通用户都需要有一定的安全意识，以及识别和应对可能攻击的能力。这不仅包括定期的安全培训，还需要进行模拟攻击演练，以检验整个防护体系的有效性。

合规和审计与硬件和软件措施相辅相成，也是必不可少的。高校网络建设需要符合各种安全标准和法律规定，还需要定期进行安全评估和审计。这样才能确保所有的防护措施都是最新和最有效的。

对抗 DDoS 攻击是一个涉及多个方面的复杂问题，需要综合应用多种技术和方法来解决，包括硬件和软件的选择与配置、人员的培训与管理，以及合规与审计的执行。只有形成一个全面和多层次的防护体系，才能有效地防范和应对 DDoS 攻击，确保高校计算机机房的网络安全。

三、无害化和隔离技术

在高校计算机机房的网络环境中，无害化和隔离技术占据了安全防护的重要一环。无害化通常涉及将潜在危险的代码或数据转变为无害状态，从而防止它们执行恶意行为。隔离则更多的是一种预防措施，旨在将不同安全等级的网络或系统彼此隔离，以减少安全威胁。

对于无害化技术，沙盒环境经常被用于分析和处理来自未知或不受信任源的代码和数据。通过在一个与主系统隔离的环境中运行这些代码和数据，安全专家可以详细观察它们的行为，进而判断是否包含恶意代码或其他安全威胁。沙盒环境有助于确保即使存在潜在威胁，也不会影响到主系统的运行。

与此同时，应用程序白名单也是一种常见的无害化手段。仅允许预先认证和审查过的应用程序在网络上运行，这种技术有效地减少了未经授权或恶意软件的潜入机会。这在高校环境中尤其重要，因为学术自由和计算机机房的开放性常常导致更多外部软件和应用进入校园网络。

在隔离技术方面，子网划分是一种应用广泛的方法。将一个大型网络划分为多个更小、更易于管理的子网络，不仅有助于提高网络性能，还能减少内部和外部的安全风险。通过这种方式，即使某一部分网络受到攻击或威胁，也不会立即影响到整个网络体系。

VLAN 也是一种常用的隔离手段，特别是在需要高度自定义和灵活管理的高校计算机机房环境中。与传统的物理局域网不同，VLAN 允许网络管理员通过软件配置而非硬件设备来划分不同的网络区域，这样更容易适应不断变化和复杂的网络需求。

同样值得注意的是网络接入控制（network admission control，NAC）技术，这一技术可以强制执行各种网络安全政策。例如，只有经过身份验证和安全检查的用户或设备才能访问特定的网络资源。这一点在高校计算机机房尤为重要，因为这里通常有大量的设备连接，包括学生、教职员工和访客的个人设备。

无害化和隔离技术为高校计算机机房提供了一道防线，旨在从源头减少安全威胁，也提供了一系列工具和手段，以便在威胁出现时能够迅速和有效地应对。这两者结合起来，构成了一个全面而强大的网络安全防护体系，能够适应和应对高校复杂多变的网络环境。

四、内部与外部安全威胁

在高校计算机机房环境中，面临的安全威胁既有来自内部的也有来自外部的。内部威胁可能源于学生、教职员工或者其他与机房网络有直接接触的人，而外部威胁通常来自网络攻击者或其他不受控制的外界因素。

对于内部威胁，问题常常比外界想象的要复杂。许多内部威胁并非恶意的，而是由于缺乏安全意识或操作失误造成的。例如，一个不熟悉网络安全基础知识的学生可能会在无意中下载恶意软件，或者通过非加密的方式发送敏感信息，从而导致数据泄露或系统受损。因此，提高整个学校社群的网络安全意识和操作规范是一项重要任务。通过定期的安全培训和教育，以及强制执行网络操作规范，可以在很大程度上减少这类内部威胁。

外部威胁更加多样和复杂，如钓鱼攻击、网络扫描和入侵，以及各种形式的拒绝服务攻击等。高校计算机机房作为学术研究和数据处理的中心，存储有大量的敏感信息，这使其成为外部攻击者的重点目标。防护外部威胁需要多层次、全方位的安全防护措施。网络防火墙、入侵检测系统，以及数据加密技术都是防护外部威胁的重要工具。实时监控网络流量和系统日志也是识别和防止潜在外部威胁的有效手段。

值得注意的是，内外部威胁往往并不是截然相反的两个问题，而是相互交织、相互影响的。一个外部攻击者可能会通过社交的方式，诱骗内部人员泄露密码或其他敏感信息，从而实施攻击。反过来，内部人员的不慎操作也可能成为外部攻击者入侵系统的突破口。因此，在制定和实施安全策略时，需要综合考虑内外部威胁，实现多维度、全周期的安全防护。

对于内外部威胁，既要注重预防也要强调应对和恢复。这不仅需要硬件和软件的多层次防护，还需要人为的管理和操作规范。特别是在高校这样一个多元、开放的环境中，通过跨学科、跨部门的合作，形成一个全面、可靠而又灵活的安全防护体系，是确保计算机机房网络安全的关键。通过这样的综合措施，才能有效地识别、防范和应对来自内部和外部的各种安全威胁，确保高校计算机机房的稳定运行和数据安全。

第四节　应急预案的制订与实施

在高校计算机机房的日常管理中，尽管采取了多种安全防护措施，但依然无法完全排除突发事件和意外情况的发生。这些意外情况包括硬件故障、软件崩溃、网络攻击、数据泄露、火灾或其他自然灾害等。因此，拥有一个全面而有效的应急预案不仅能在危急时刻提供快速、有针对性的应对措施，还能最大限度地减少潜在损失和影响。

应急预案的制订与实施是高校计算机机房安全管理的一个关键组成部分。它不仅涉及技术层面的解决方案，还包括人员培训、流程设计、资源调配等多个方面。一个好的应急预案应该是全面的、翔实的，也需要具备一定的灵活性，以适应不断变化的安全环境和应急需求。

本节将详细讨论应急预案的各个关键环节，包括应急响应策略、应急恢复策略、实际应急演练，以及应急预案的更新与改进。每一个环节都是一个独立但相互关联的体系，需要细致入微地规划和实施。通过这些综合性的措施，高校计算机机房将能更有效地应对各种突发情况，确保数据和资源的安全，也能为高校的教学和研究活动提供更加稳定和可靠的支持。

一、应急响应策略

应急响应策略是高校计算机机房在面对突发事件时采取的一系列即时措施和操作程序。这些策略的主要目的是在最短的时间内识别问题，控制损害，并恢复正常运行状态。在高校环境中，由于计算机机房通常是研究、教学和数据存储的核心设施，因此具有高度的敏感性和重要性。

响应策略通常包括问题诊断、信息收集和问题解决三个主要环节。在问题诊断阶段，工作人员通过各种监控工具和报警系统来确定问题的性质和严重程度。这个阶段还可能涉及与其他部门或外部专家的紧急沟通，以获取更多的诊断信息和解决建议。

信息收集是另一个关键步骤，涉及从不同来源获取信息，以便更全面地了解问题。这些信息来自网络流量分析、系统日志、用户报告或其他可用数据。基于收集到的信息，工作人员可以进一步判断问题出现的根本原因，从而更准确地解决问题。

问题解决环节是应急响应策略中最为关键的部分，也是最需要专业技能和经验的环节。在这个阶段，通常会有一个专门的应急响应小组负责执行实际操作，这个小组由具有不同专长的工作人员组成，比如系统管理员、网络工程师和安全专家。他们将根据问题诊断和信息收集的结果，采取相应的解决措施，如硬件更换、系统修复、数据恢复等。

除了技术性的解决方案，应急响应策略还应包括与其他相关人员和部门的沟通机制。例如，及时通知机房管理层、与学校其他部门（如安全部门、行政部门等）进行协调，以及必要时与外部机构（如供应商、政府部门等）进行沟通。

二、应急恢复策略

应急恢复策略在高校计算机机房管理中占据重要地位，因为它涉及如何在面对各种灾难和故障后迅速恢复正常运行状态。尤其在高校环境中，由于计算机机房是支持教学、研究和管理的关键基础设施，任何形式的停机或数据丢失都可能产生巨大影响。因此，应急恢复策略不仅关乎技术问题，也涉及战略规划和组织协调。

在设计应急恢复策略时，一个重要方面是定义恢复时间目标和恢复点目标。恢复时间目标是系统或应用程序在发生故障后需要恢复到可接受服务级别所需的时间；而恢复点目标是系统和数据必须恢复到的时间点要求，一般为最后一次备份的时间。对于高校计算机机房来说，由于其特殊性和重要性，这两个目标通常都需要设置得相对较短。

恢复策略的核心是拥有一个全面且实用的恢复计划，这个计划应该详细列出在各种不同场景下需要执行的步骤和操作。比如在硬件故障的情况下，恢复计划包括如何迅速定位故障硬件、如何更换或修复，以及如何从备份系统中恢复数据。而在面对网络攻击时，恢复计划更侧重于如何隔离受影响的系统、如何追踪攻击源，以及如何修复安全漏洞。

除了恢复计划，一个有效的应急恢复策略还需要有一支专业的恢复团队。这个团队应由具有不同专业技能和经验的成员组成，如系统管理员、网络工程师、数据库专家和安全分析师等。在发生故障或灾难时，恢复团队应立即行动，按照预先定义的恢复计划执行操作。

与此同时，有效的沟通机制也是应急恢复策略中不可或缺的一环。这包括内部沟通，如及时通知相关人员和部门，以及外部沟通，如与供应商、政府机构或其他外部实体的协调。

三、实际应急演练

实际应急演练在高校计算机机房的安全管理中占据着至关重要的地位。演练的目的不仅仅是测试现有的应急响应和恢复策略，还包括提升团队成员在真实紧急情况下的操作能力和协作效率。实际应急演练通常会模拟各种可能出现的灾难和故障场景，如硬件故障、软件崩溃、数据丢失和网络攻击等。

在设计实际应急演练时，有几个关键方面需要考虑。一是场景的真实性和复杂性，这样才能确保演练能够全面地检验现有应急响应和恢复策略的有效性。二是参与人员的多样性，除了计算机机房的管理和操作人员，还应该包括其他可能涉及应急响应的部门和角色，如行政人员、安全人员和外部供应商。

在进行实际应急演练之前，需要进行充分的准备工作。例如，明确演练的目标和范围，拟订详细的演练计划，并确保所有参与人员都熟悉该计划。在演练过程中，建议记录所有的操作和事件，以便事后进行详细的分析和总结。

演练结束后，进行全面的评估是非常必要的。这不仅能够识别出应急响应和恢复策略中可能存在的不足，还能提供关于如何改进这些策略的具体建议。评估过程通常会生成一份详细的报告，该报告应该包括演练的整体效果、发现的问题，以及改进的建议。这份报告应该被视为一个持续改进的工具，应定期更新并用于指导未来的应急准备工作。

值得一提的是，实际应急演练不是一次性的活动，而是一个持续的过程。为了保证高校计算机机房能够有效地应对各种不确定因素，建议至少每年进行一次全面的实际应急演练。通过定期的演练和评估，可以不断地提升应急响应和恢复能力，从而确保计算机机房在面对灾难和故障时，能够迅速、有效地恢复到正常运行状态。

四、应急预案的更新与改进

应急预案的更新与改进是任何高校计算机机房安全管理体系中不可忽视的组成部分。因为信息技术和网络环境是不断发展和变化的，所以即使一个再完善的应急预案也需要定期进行检查和更新，以适应新的技术发展和威胁模式。同时，从实际应急演练和真实事件中得出的经验和教训，也是更新和改进应急预案的重要依据。

更新和改进过程可以说是一种循环性的工作。通常每次应急演练或者实际应对紧急事件后，都需要对现有的应急预案进行全面的评估和审查。这样的评估应当涵盖预案的所有方面，如通知机制、响应流程、任务分配、备份方案和恢复手段等。评估结果可能会揭示一些不足或者漏洞，这时就需要对预案进行相应的更新和改进。

除了从实际操作中汲取经验之外，与外部专家和组织进行交流也是非常有益的。例如，可以参考国内外其他高校或企业在应急预案方面的最佳实践，以及各种专业研究和指导意见。这些信息和资源可以提供很多有用的观点和建议，有助于使应急预案更加全面和科学。

在进行预案更新和改进时，还应考虑到机房硬软件配置、网络结构和人员组成等可能出现的变化。如果有新的硬件或软件被引入，或者有重要的网络架构调整，这些因素都应当纳入预案的重新评估和调整之中。

预案的更新和改进不仅是技术层面的工作，还需要得到管理层的充分支持和参与。实际上，应急预案通常会涉及多个部门和角色，因此在更新和改进的过程中，需要跨部门的协调和合作。在预案得到更新或改进后，还需要对所有相关人员进行重新培训，确保他们熟悉新的预案内容和操作流程。

无论预案如何更新和改进，都必须经过严格的测试和验证，以确保其在真实场景下的可行性和有效性。这通常意味着需要组织额外的应急演练，或者在安全的环境中模拟实际的紧急事件。

第六章　计算机机房的能源管理

本章将深入探讨高校计算机机房中的一个经常被忽视但极为重要的方面：能源管理。在当今信息化、数字化的环境下，高校计算机机房不仅是教学和研究的核心设施，也是数据存储和处理的关键场所。因此，能源供应的稳定性和效率直接影响到机房的运行质量和整体性能。本章将从电力供应的管理、冷却系统的管理、能源效率的提升，以及能源故障的诊断与维护四个方面进行全面的探讨。

第一节　电力供应的管理

在高校计算机机房的管理中，电力供应无疑是最基础也是最关键的组成部分。没有稳定和高效的电力供应，所有的硬件和软件资源都将面临停摆，对教学和研究活动造成不可估量的影响。因此，电力供应的管理显得尤为重要。本节将从电力供应稳定性、UPS策略、电力负载与分配，以及应急电力供应与备份四个方面进行深入的探究。

一、电力供应稳定性

电力供应稳定性对于高校计算机机房的持续运行具有至关重要的意

义。稳定性问题不仅影响机房硬件的寿命和数据完整性，而且可能会对高校的重要研究和教学活动产生影响。因此，电力供应稳定性应被视为机房管理的核心任务之一。

对于电力供应稳定性来说，电压和电流的稳定是最基础的需求。电压波动或电流不稳定可能导致计算机系统不稳定，甚至会引发数据丢失或硬件损坏。这需要通过使用高质量的电源和电气设备来实现，包括选择高性能的电源适配器、稳压器和过滤器等。这些设备能有效减少电源波动和噪声，提高电力供应的整体稳定性。

除了基础硬件配置，电力线路设计也应充分考虑稳定性的需求，应优选电缆和连接器，以及考虑合适的接地方式。确保每条电缆都有足够的电流承受能力，并避免线路过长或过分复杂，以减少电力损耗和提高供电效率。

电力供应的可靠性同样是稳定性的一部分。电力故障和中断是不可避免的，因此需要有针对性地制定应对措施。UPS 是其中一种有效的解决方案。UPS 能在电网出现问题时提供短暂的电力供应，以保证计算机系统的连续运行，并避免数据丢失和硬件损坏。UPS 系统应有足够的容量以支持所有关键设备，在选择 UPS 时还需要考虑其输出波形、效率以及电池寿命等因素。

对于稳定性问题，预防总是优于治疗。常规的电力监控和维护活动能有效地预防稳定性问题的发生。使用电力质量监控设备可以实时监测电压和电流的状态，一旦发现异常，便可及时进行调整或维修，避免影响机房的运行。

电力供应稳定性并非一劳永逸，它需要随着机房设备的更新和扩充而进行相应的调整。当新增设备或进行大规模系统升级时，应重新评估电力供应的稳定性，并据此进行必要的硬件和配置更新。

二、UPS 策略

在高校计算机机房管理中，UPS 策略是一个重要的环节，它直接关系到机房设备的正常运行以及数据的完整性。因此，一个有效的 UPS 策略是确保计算机机房安全、稳定运行的关键。

对计算机机房的电力需求进行全面评估。例如，评估所有设备的总功率、确定机房的最大电力需求，以及预估未来可能的电力需求增长等。这一步骤是 UPS 系统配置的基础，因为 UPS 系统的容量必须能够满足机房的最大电力需求。

选择适合的 UPS 系统。UPS 系统有多种类型，如在线式、离线式、在线交互式等。在线式 UPS 可以提供最高水平的电力保护，它可以连续向负载供电，并且具有很高的输入和输出电力质量。离线式 UPS 则是在电力中断时才会自动切换到电池供电。在线交互式 UPS 介于两者之间，它可以在电网状态良好时直接将电网电力传输给负载，而在电网状态不佳时切换到电池供电。选择 UPS 系统时，需要考虑机房的具体需求，包括电力需求、成本、维护，以及可靠性等因素。

UPS 系统的配置也是一个重要的步骤。例如，确定 UPS 系统的位置、连接方式，以及备用电池的数量和配置等。UPS 系统应该放置在一个通风良好、干燥、易于维护的位置。UPS 系统的连接方式也很重要，需要根据设备的功率需求，选择合适的电缆和连接器。备用电池的数量和配置应保证在电力中断时，能够提供足够的电力支持机房正常运行一段时间。

仅仅配置好 UPS 系统并不能保证其长期有效运行，还需要定期对 UPS 系统进行维护和检查。例如，检查 UPS 系统的电池状态、设备连接是否牢固、是否有异响或异味，以及设备的清洁情况等。计算机机房的工作人员还应定期对 UPS 系统进行负载测试，以确保 UPS 系统在实际使用中能够提供足够的电力。

定期检查和更新 UPS 系统的配置。因为计算机机房的设备可能会有变化，如新增设备、设备升级或设备报废等，这些变化可能会影响机房的总电力需求。因此，需要定期对 UPS 系统的配置进行检查和更新，以确保它始终能够满足机房的电力需求。

有效的 UPS 策略是高校计算机机房管理的一个重要环节。它需要从电力需求评估和 UPS 系统选择、配置、维护、更新等方面进行全面考虑，以确保计算机机房能够安全、稳定、高效地运行。

三、电力负载与分配

电力负载与分配在高校计算机机房的管理中占有不可或缺的地位。它涉及设备的性能、可靠性和整体机房运营的效率。实施有效的电力负载与分配策略不仅能确保机房内各个设备的稳定运行，还能优化电力使用，从而节约成本。

电力负载与分配的核心目标是确保所有设备都能获得其运行所需的电力，也要防止电力供应系统过载。为实现这一目标，需对机房内所有设备进行电力需求分析。该分析考察每台设备的功耗，并根据其在不同运行状态（如空闲、最大负载等）下的电力需求进行计算。这有助于更准确地预测机房的总电力需求，从而合理地进行电力分配。

电力负载不应仅限于当前设备的需求，还需考虑未来可能增加的负载。因此，电力分配方案需要具备一定的灵活性和可扩展性，以便能适应机房规模的变化或技术的更新。

电力负载与分配还与电缆管理息息相关。电缆应布置得整洁有序，以减少可能的故障风险。电缆的规格和数量也需要仔细考虑，以确保它们能有效地传输电力而不引发过热或其他问题。

在电力负载与分配策略的制定过程中，还需关注冗余供电的问题。简而言之，冗余供电是通过设立备用电源来增加电力系统的可靠性。这样，即使主电源出现问题，备用电源也能立即接管，确保机房内的重要设备不会因电力中断而停机。

对电力分配方案进行定期审查也是必不可少的。这一审查过程应涵盖电力负载的实时监控、系统性能的评估，以及电力分配策略的效果检验等多个方面。如果发现当前的电力分配方案不能满足机房的需要，或者存在其他问题，应及时进行调整。

实施电力负载与分配策略并非一劳永逸。随着技术的进步和机房规模的扩大，电力需求也会发生变化。因此，电力负载与分配策略应该是动态的，以随时适应新的需求和挑战。

四、应急电力供应与备份

应急电力供应与备份在高校计算机机房的管理中占据极其重要的位置。这一环节确保在主电力供应发生故障或其他不可预见情况下，计算机机房能够持续正常运行，从而避免数据丢失、硬件损坏和其他潜在的破坏性后果。

考虑到计算机机房对电力的极高依赖性，应急电力供应方案需要设计得足够可靠。通常会采用 UPS 和发电机作为主要的备用电源设备。UPS 能在电力中断的第一时间提供电力，确保计算机机房的基本运行，而发电机则用于长时间的电力供应。

UPS 通常配置有电池组，能在主电源断电的瞬间接管电力供应，从而保证重要数据能被保存和关键任务能被完成。而发电机则需要一定的启动时间，但一旦运行起来，就能为机房提供长时间、稳定的电力供应。

除了选择合适的备用电源设备，还需要对这些设备进行定期的维护和测试。因为应急电源设备通常长时间处于闲置状态，所以很容易出现故障或性能下降的情况。定期的维护和测试可确保这些设备在需要时能立即投入使用。

在考虑应急电力供应与备份方案时，还需要重视与其他系统的整合问题。例如，当电力中断时，冷却系统、安全监控系统等也需要得到相应的电力支持。因此，应急电力供应方案需要全面地考虑机房的所有需求。

除了硬件方面的准备，还需要制定详细的应急响应流程，以指导人员在电力故障发生时如何行动。这一流程应包括如何切换到备用电源、何时启动发电机、如何进行数据备份等操作。

为了确保应急电力供应与备份方案的有效性，建议进行定期演练。通过模拟电力故障情况，可以检验备用电源设备的性能、评估人员的响应速度，以及找出流程中可能存在的疏漏或不足。

应急电力供应与备份是一个动态的过程，需要随着技术进步和机房需求的变化而不断更新和优化。例如，随着能效更高的硬件设备的推出，原有的电力供应方案可能需要进行调整。

应急电力供应与备份不仅是高校计算机机房能源管理的重要组成部分，也是确保机房运行稳定性和数据安全的关键环节。通过细致的规划、严格的执行和持续的优化，能够极大地提升机房在面对电力故障时的抗风险能力。

第二节　冷却系统的管理

在高校计算机机房的管理中，冷却系统的角色不容小觑。一个有效且高效的冷却系统是保障机房持续、稳定运行的重要因素之一。特别是考虑到高校环境中大量密集的计算任务，高温很容易造成硬件损坏、数据丢失或其他故障。因此，冷却系统的管理直接关系到计算机机房的整体性能、可靠性和经济效益。冷却系统的管理不仅涉及选型和安装，还包括日常运维、故障诊断与修复，以及与其他系统（如电力供应和安全系统）的协同工作。冷却系统需要在保证效能的同时，注重能效和环境影响，以满足日益严格的节能和环保要求。本节将深入探讨机房的冷却设计、冷却设备的选择与维护、温度与湿度监控，以及节能冷却策略等多个方面。目标是为高校计算机机房提供一套全面、科学、可行的冷却系统管理方案。这不仅能确保机房设备的长寿命和高效运行，还有助于降低运营成本和提高整体可靠性。

一、机房的冷却设计

在高校计算机机房的冷却设计中，诸多因素需得到综合考虑，以确保机房的高效、安全和可靠运行。设计时，需要确保冷却系统能有效地散发硬件设备产生的热量，防止温度过高导致硬件损坏或系统故障。

对于高校计算机机房而言，冷却设计通常会从总体布局入手。机房的地理位置、建筑结构和外部环境都会影响冷却效果。例如，避免将机房建在阳光直射或热量容易聚集的地方，可以减少外部热量对机房的影响。地板和天花板的材料也需要仔细选择，以提高热绝缘性能。

空调和通风系统是冷却设计的关键组成部分。具体选择哪种类型的空调（如冷水式、风冷式或蒸发式空调）取决于机房的大小、预算以及能效要求。同样重要的是通风系统的设计，需要确保冷风和热风在机房内得到有效循环和分配。

除了硬件外，冷却系统的管理软件也是冷却设计的一部分。这些软件能够实时监控机房内的温度和湿度，当数值超过预设的安全范围时，可以自动调整冷却设备的工作状态或发出警报。这样不仅可以及时发现并解决问题，还可以有效节约能源。

冷却设计还需要考虑到未来的扩展性。随着高校计算需求的不断增长，可能需要添加更多的硬件设备，这会增加机房的热负荷。因此，冷却系统需要具备一定的灵活性和可扩展性，以便能够适应未来可能出现的不同需求和挑战。

能效是现代冷却设计中不可或缺的一个方面。考虑到能源成本和环境影响，越来越多的冷却方案开始采用节能技术，如变频空调、自适应冷却等。这些技术可以根据实际需求动态调整冷却设备的运行状态，从而达到节能的目的。

高校计算机机房的冷却设计是一个综合性极强的任务，涉及多个学科和专业领域，需要各方专家密切合作和充分讨论。通过科学合理的冷却设计，不仅可以保证机房硬件的安全和性能，还可以优化能源使用，降低运营成本，从而达到高效、安全、可靠和节能的目标。

二、冷却设备的选择与维护

冷却设备的选择与维护在高校计算机机房中占据着至关重要的地位。冷却设备负责将机房内部的温度维持在一个适宜的范围内，避免由于温度过高导致的硬件损坏或系统故障。因此，在选择冷却设备时，不仅需要考虑其性能和稳定性，还需要注意其能效、高可靠性和易维护性。

设备的性能是选择冷却设备的首要因素。冷却设备需要能够有效地散发硬件设备产生的热量，也要能够适应机房规模的变化和扩展。性能优越的冷却设备通常采用先进的制冷技术和材料，具有较高的冷却效率和稳定的运行性能。

能效也是一个非常重要的考虑因素。随着电力成本的不断上升和环境保护意识的增强，能效高的冷却设备越来越受到青睐。这些设备通常配备有节能模式或可变频驱动，可以根据实际的冷却需求动态调整运行状态，从而节省电力消耗。

高可靠性和易维护性也是冷却设备选择中不可忽视的因素。高可靠性的设备通常具有更长的使用寿命和更低的故障率，这不仅可以减少未来的维修和更换成本，还可以确保机房的稳定运行。易维护性则意味着设备在出现故障或需要定期维护时，可以更加方便和快捷地进行维修或更换。

冷却设备的维护是确保机房稳定运行的另一个关键环节。定期的维护和检查可以及时发现并解决潜在问题，防止小问题演变成大问题。维护工作通常包括清洁冷却设备的过滤网和散热片，检查制冷剂的压力和量，以及测试冷却系统的整体性能。

除了以上几个主要因素外，冷却设备的选择还需要考虑其与机房其他系统和设备的兼容性。例如，冷却系统需要能够与机房的监控系统完美集成，以便进行实时的温度和湿度监控。冷却设备的尺寸和形状也需要与机房的空间布局相匹配，以确保其可以有效地进行热量散发。

三、温度与湿度监控

温度与湿度监控在高校计算机机房的管理中是一个不可或缺的组成部分。正确的温度与湿度不仅对硬件的长期稳定性有着重要影响，而且直接关系到数据的可靠性和系统的正常运行。由于这些原因，实时的温度和湿度监控几乎成了每一个现代机房管理体系的标配。

现代机房通常会安装一套专门的环境监控系统，用于实时地收集和分析温度与湿度数据。这些数据一方面用于判断是否需要调整冷却设备的工作状态，另一方面也用于检测是否存在可能对机房运行产生不良影响的异常情况。对于大型或者复杂的机房环境，还可以使用多点测量和分区控制的方法，以获得更为精确和细致的环境数据。

精确的温度与湿度监控还需要高质量的传感器和准确的数据分析算法。选择高精度的温湿度传感器和快速响应的数据处理系统是实现精确监控的前提。数据的分析和解读也需要专门的软件支持，以便能够快速准确地识别出潜在的问题并采取相应的措施。

温度与湿度的异常波动往往是其他问题的前兆。例如，温度的突然上升可能是冷却系统故障或者硬件过热的信号，而湿度的异常变化则可能导致电路短路或者数据损坏。因此，及时的异常检测和预警机制也是温度与湿度监控系统中不可缺少的功能。

一旦发现温度与湿度的异常变化，应立即进行故障排查并解决问题。例如，对冷却系统进行检修或者调整，对出现问题的硬件进行更换或者维修。这通常需要机房管理人员与冷却系统供应商、硬件维护团队，以及 IT 支持团队的密切合作。在一些严重的情况下，可能还需要暂时关闭部分或者全部的机房设备，以保证人员和数据的安全。

除了应对突发情况，温度与湿度监控数据还可以用于机房环境的长期优化。通过对历史数据的分析，可以更为精确地评估冷却设备的性能，优化能源使用策略，以及改进机房的整体布局和设计。

由于温度与湿度监控在机房管理中有着如此重要的作用，所以这一环节需要得到足够的重视和投入。从传感器的选择到数据的分析，再到异常处理和长期优化，每一个细节都可能影响到机房的整体性能和稳定性。因此，这一任务需要多个团队和专家的合作与支持，以确保能够达到最佳的效果。

四、节能冷却策略

节能冷却策略在高校计算机机房中不仅是一个环保的考量，也是经济性和可持续运营的必要环节。传统的冷却方法往往需要消耗大量电能，而随着能源成本的持续上升和大众环境保护意识的增强，如何在确保机房正常运行的同时降低能耗变得日益重要。

有效的节能冷却策略通常会从多个方面进行综合考虑，如冷却设备的选择、冷却流程的优化、数据监控与分析，以及长期的维护与升级等。其中，冷却设备的选择是最基础的步骤。现代的冷却设备通常会具有更高的能效比和更智能的控制系统，可以根据实际需要自动调整工作状态，从而实现更为精细的温度控制和更低的能耗。

冷却流程的优化也是节能冷却策略中非常重要的一环。通过改进机房的布局和冷却设备的布置位置，可以使冷空气更为有效地流经需要冷却的设备，从而降低冷却设备的工作负荷和整体的能耗。例如，采用热通道和冷通道的设计、增加地板通风口或使用定向风扇，都可以显著提高冷却效率。

数据监控与分析是确保节能冷却策略有效执行的关键。通过对机房内温度、湿度、风速等多个参数进行实时监控和数据分析，不仅可以及时发现和处理各种异常情况，也可以对冷却策略进行持续的优化和调整。一些先进的数据分析工具还可以通过大数据和机器学习技术，自动识别出能够进一步提高能效的操作和设置。

长期的维护与升级是节能冷却策略持续有效的保证。随着机房设备的不断更新和扩展，以及外界环境的变化，原有的冷却策略可能会变得不再适用或者不够高效。因此，需要定期对冷却设备进行检查和维护，以及根据最新的技术和需求进行相应的升级和改进。

第三节　能源效率的提升

能源效率的提升在高校计算机机房管理中占有至关重要的地位。在现代教育环境中，计算机机房不仅是信息化教学的重要场所，也是科研、数据处理和网络服务的关键基础设施。这些高度集中的计算任务会产生巨大的能耗，因此如何有效地管理和提升能源效率成为一项挑战和机遇。高能效的机房管理有助于降低运营成本，减小环境影响，并提高系统的可靠性和稳定性。通过对电力供应、冷却系统、硬件设备，以及软件配置等方面进行综合优化，能够显著提高整个机房的能源效率。本节将深入探讨能源效率的多个方面，包括能源效率指标的设定、绿色 IT 与节能技术的应用、优化能源使用策略的方法，以及如何进行能源效率的监测与改进。笔者将结合高校计算机机房的实际管理经验，为读者提供一套全面而实用的能源效率提升方案。

一、能源效率指标

能源效率指标是衡量高校计算机机房运行性能与能源消耗关系的重要参数。这些指标不仅能反映机房在能源利用方面的有效性，还可以作为评估和改进能源管理措施的依据。因此，选择合适的能源效率指标并进行持续监控是任何成功的能源管理计划的核心。

在高校计算机机房中，通常会考虑几个关键的能源效率指标。电源使用效率（power usage effectiveness，PUE）是最常用的一个指标，用于描述机房总能耗与用于实际计算任务的能耗之比。PUE 值越低，说明能源利用效率越高。除了 PUE，还有数据中心效率、数据中心性能指标和绿色能源系数等多种效率指标。

为了准确地量化这些指标，需要部署相应的测量设备和监控系统。例如，智能电表可以实时记录电力消耗数据，湿度和温度传感器则用于监控机房环境条件，以确保冷却系统运行在最佳状态。这些数据会被集中到一个管理平台上，便于管理员进行实时监控和分析。

量化指标之后，就可以根据这些数据来优化机房的能源管理，包括对硬件配置、冷却系统和电力供应等进行综合调整。比如，可以通过升级到更高效的服务器硬件，或调整服务器的工作负载，来降低 PUE 值。对冷却系统进行优化也是提高能源效率的有效手段。例如，可以采用自适应冷却技术，根据机房的实际温度和湿度来调整冷却设备的运行状态。

除了硬件和设备方面的优化，软件和算法也扮演着重要角色。高效的任务调度算法和负载均衡机制可以确保服务器资源得到充分利用，从而提高能源效率。一些先进的机器学习算法也可以用于预测机房的能耗和性能，从而为能源管理提供更为精准的决策支持。

　　能源效率指标是高校计算机机房能源管理中不可或缺的工具。通过有效地量化、监控和优化这些指标，不仅可以显著降低机房的运营成本，还能提高其可靠性和环境可持续性。因此，深入理解和应用这些指标，是任何想要提高机房能源效率的管理员或决策者所必须掌握的基础知识。

二、绿色 IT 与节能技术

　　绿色 IT 与节能技术在高校计算机机房的能源管理中具有至关重要的作用。这些技术和理念的应用旨在降低能耗、减少碳排放，并提高整体的能源利用效率。绿色 IT 不仅涉及硬件设备，还包括软件解决方案和数据管理。

　　在硬件方面，采用低功耗、高性能的服务器和存储设备是一个常见的节能措施。这类硬件通常使用先进的节能处理器和高效的冷却系统，以便在满足高性能计算需求的同时，降低电力消耗。值得一提的是，一些最新的服务器还支持动态功耗调整功能，能够根据实际工作负载自动调整电力供应。

　　软件方面，高效的操作系统和虚拟化技术也是绿色 IT 的重要组成部分。操作系统通过优化代码和算法，可以更有效地管理硬件资源。虚拟化技术则可以让单个物理服务器运行多个虚拟机，从而提高服务器的利用率，降低空置硬件的数量和能耗。在数据管理层面，高效的数据存储和检索算法也能够减少不必要的能耗。

　　除了上述的硬件和软件措施，智能建筑技术也为绿色 IT 提供了有力的支持。例如，通过安装智能照明和空调系统，可以实现更为精准的温度和光照控制，进一步减少能源浪费。另外，利用 IoT 技术和大数据分析，能够更为精确地监控和管理各类能源设备的运行状态。

　　实施绿色 IT 和节能技术并不是一蹴而就的任务，它需要全方位、多层次的综合考量。从负责人到 IT 管理员，甚至到最终用户，每个人都需要具备一定的环保意识和技术知识。通过定期的培训和教育，可以提高全体成员对绿色 IT 重要性的认识，并推动其在日常工作中的应用。

三、优化能源使用策略

在高校计算机机房的日常管理中，优化能源使用策略是一项重要任务，其核心目标是实现能源的有效利用，同时降低运营成本和环境影响。对于一个复杂而庞大的系统来说，这一目标的实现依赖多个方面的综合优化。

服务器是计算机机房中最主要的能源消耗设备，因此，合理的服务器部署和运行管理直接影响整体能源效率。一种常用的优化方法是采用虚拟化技术，通过这种方式，可以在一台物理服务器上运行多个独立的虚拟机，从而提高服务器硬件的使用率，减少过剩的服务器数量和相关的能源消耗。同时，现代服务器通常具有动态电源管理功能，可以根据负载需求自动调整功耗。

除了服务器，存储设备也是能源消耗的一个重要组成部分。通过数据去重和压缩技术，可以大大减少所需存储空间，进而降低存储设备的数量和总体功耗。此外，通过智能存储分层，将频繁访问的数据和长期存储的数据分别存放在不同类型的存储介质上，可以进一步提高存储系统的能效。

网络设备如交换机和路由器等，虽然相对于服务器和存储设备的能耗较低，但在整体能源使用策略中也不能忽视。通过对拓扑结构的优化，可以减少数据在网络中传输的距离，从而降低能耗。通过采用节能型的网络设备，也能在一定程度上减少网络部分的能源消耗。

除了硬件设备，软件算法和系统配置也在优化能源使用策略中扮演着重要角色。合理的任务调度和资源分配算法可以有效地平衡负载，避免某一部分设备过载而另一部分设备闲置的情况出现，从而提高整体能源效率。

精确的能源监测和数据分析也是优化策略的基础。通过实时监测各种设备的能耗，及时发现和解决问题，不仅可以降低能耗，还有助于延长设备的使用寿命。具备预测性分析能力的现代能源管理系统能够基于历史数据和当前状态，预测未来的能耗趋势，从而为决策提供有力支持。

四、能源效率的监测与改进

在高校计算机机房环境中，能源效率的监测与改进是持续优化和可持续运营的重要组成部分。监测不仅涉及实时的能耗数据收集，还包括分析这些数据以识别能效低下的区域，并据此进行针对性的改进。

实时监测是整个能源管理策略的基础。通过使用传感器和相关硬件设备，可以收集服务器、存储设备、网络硬件等的实时能耗信息。这些信息通过能量管理系统（energy management system，EMS）进行集中处理和分析。除了硬件设备的能耗数据，环境参数如温度和湿度也应该纳入实时监测范畴。环境参数的变化直接影响硬件设备的运行效率，因此也是能源效率改进的重要参考因素。

数据分析是对实时监测数据进行深入研究的过程，旨在识别能效不足和潜在的优化空间。通过对历史能耗数据和环境参数进行趋势分析，能源管理团队可以发现设备的使用模式，如常常处于低负载或高负载状态的设备。这样的信息可被用于重新配置设备或者调整任务调度策略，以实现更高的能效。

识别问题和潜在的优化空间只是第一步，实施改进措施是达成高能效目标的关键。改进措施可以是硬件级的，如更换更为节能的设备或优化机房布局以减少冷却需求；也可以是软件级的，如优化任务调度算法或实施更为节能的数据存储策略。

改进措施的效果需要通过持续的监测和分析来评估。这一过程通常涉及设定具体的能效指标和目标，然后定期检查实际表现是否符合预期。如果改进措施达到预期效果，可以考虑进一步推广和优化；反之，需要对未达标的原因进行深入分析，并据此进行调整。

能源效率的持续改进也需要依靠组织内部的文化和态度。鼓励员工参与能源节约活动，并为其提供必要的培训和支持，是推动整个机构向更高能效方向发展的重要推动力。

第四节　能源故障的诊断与维护

在高校计算机机房中，能源供应和管理是系统稳定性和可靠性的核心。因此，当面对能源故障时，迅速、准确地诊断问题并采取相应的维护措施就显得尤为重要。本节将全面探讨能源故障的诊断与维护方面的问题，涵盖能源供应中断、冷却系统故障、能源设备的预防性维护，以及能源设备的定期检查与更新等多个方面。通过深入解析这些方面，本节旨在为高校计算机机房提供一套完整、科学的能源故障管理策略，以确保机房在面对各类能源故障时能够迅速恢复正常运行，减少故障对教学和科研活动的影响。

一、能源供应中断

能源供应中断是高校计算机机房面临的一个严重问题，它不仅可能导致数据丢失，还可能影响到整个校园网络，甚至危害到学术研究和教学活动。解决这一问题需要全面而细致的准备，包括硬件设施、软件策略和人员培训等多个方面。

电力供应中断最直接的解决方案就是准备备用的电源系统。现代的UPS可以在电力中断时立即提供电力，确保计算机和其他关键设备能继续运行。但仅仅依赖 UPS 是不够的，因为 UPS 只能维持短时间的电力供应。因此，一台能在长时间内提供电力的柴油发电机也是必不可少的。

除了硬件设施外，软件策略也是非常关键的。例如，可以通过先进的电源管理系统来监控整个机房的电力使用情况。这种系统不仅能实时监测电力供应，还可以在电力中断时自动启动备用电源，同时通知维护人员。通过这种方式，可以大大减少因电力中断而造成的损失。

人员培训也是解决电力供应中断问题的一个关键环节。所有参与维护的人员都应该接受有关电源管理系统操作、备用电源启动和故障排除等方面的专业培训。只有确保每个人都明确自己的角色和责任，才能在电力中断时迅速而有效地解决问题。

所有这些措施都是基于一个前提，那就是能够准确而迅速地诊断电力供应中断的原因。通常，电力供应中断可能是由多种因素导致的，如电网故障、设备老化、人为操作错误等。因此，拥有一套完善的诊断流程是至关重要的。

与各相关部门和供应商保持良好的沟通也是非常必要的。例如，与电力公司保持紧密联系，以获取关于可能导致电力中断的因素（如天气、设备维护等）的最新信息。与设备供应商保持良好关系，以确保在出现问题时能够得到快速的支持和找出最佳的解决方案。

二、冷却系统故障

冷却系统故障在高校计算机机房中是一种高风险状态，会直接影响到硬件的性能和寿命，以及数据安全。冷却系统的任务不仅是维持恒定的温度，还需要确保湿度在一个合适的范围内。故障的出现会导致设备过热，由此引发各种硬件和软件问题，从而影响到整个教育和研究活动。

对于冷却系统的故障，迅速诊断和恢复是关键。现代冷却系统通常都配备了故障检测和预警功能，可以实时监控温度、湿度以及设备状态。

当系统检测到不正常的参数时，会自动触发警报，并将相关信息发送到维护人员的终端。这样的自动化功能大大提高了故障应对的效率。

除了自动预警系统外，机房内也需要有应急冷却设备，以应对主冷却系统的突发故障。这种应急设备通常由独立的电源和控制系统组成，以确保在主系统故障时能够立即启动。也需要有一套完善的应急响应计划，以指导维护人员在故障发生时迅速、有效地进行修复。

维护人员需要定期进行冷却系统的检查和维护，以减少故障的可能性。例如，对冷却设备的物理检查，对系统软件的更新和优化等。尤其需要注意冷却液的更换和清洗，因为这直接影响到冷却效率。

与此同时，与冷却系统供应商和制造商保持紧密的联系也是非常重要的。这不仅可以确保在发生故障时能够得到及时的技术支持，还可以定期获取关于设备和软件更新的最新信息。因为冷却技术也是在不断进步的，及时地更新和升级能有效提高系统的稳定性和效率。

设备长期运行，冷却系统可能会因为各种因素出现故障，如电源问题、设备老化、软件缺陷等。因此，除了上述的应对措施外，还需要有一套完善的故障记录和分析系统。通过对每次故障的详细记录和后续分析，可以找出故障的共同特点和潜在原因，从而不断优化冷却系统的设计和管理策略。

三、能源设备的预防性维护

能源设备的预防性维护在高校计算机机房的能源管理中占有重要的地位。通过定期检查、调整和更换部件，能够有效延长设备的使用寿命，减少故障的可能性，从而确保教学和研究活动的顺利进行。预防性维护不仅包括电力供应设备，如 UPS 和应急发电机，还涵盖了冷却系统和环境监控设备。

在电力供应方面，维护人员需要定期对 UPS 进行全面的检查，包括电池的健康状况、输出电压的稳定性，以及内部电路的完好性。对于应急发电机，除了检查其启动和运行情况外，还需要确保燃料供应充足，以便在电力中断时能够迅速启动。同时，定期的软件更新和硬件调整也是必不可少的，以适应不断变化的负载和环境条件。

冷却系统的预防性维护则更为复杂，因为它涉及多个设备和参数。冷却液的质量和数量需要定期检查和更换，以保证最佳的冷却效果。对于冷却风扇和泵浦，需要定期进行清洁和润滑，以减少摩擦和磨损。对于高精度的温度传感器和湿度传感器，也需要进行定期的校准和更换。

环境监控设备，如温湿度传感器、烟雾探测器和漏电检测器，也是预防性维护的重要组成部分。这些设备需要定期进行检查和校准，以确保其准确性和可靠性。通过对这些参数的实时监控，可以及时发现潜在的问题，从而采取相应的预防措施。

预防性维护的另一个重要方面是培训和教育。维护人员需要定期接受相关的培训和考核，以确保他们掌握了专业知识和技能。计算机机房的使用者，特别是学生和教职员工，也需要了解基本的能源管理和安全知识，以便在遇到问题时能够迅速做出正确的判断和响应。

四、能源设备的定期检查与更新

在高校计算机机房中，能源设备的定期检查与更新是确保可靠性和效率的关键环节。在运行诸如大数据分析、科学计算和在线教育平台等多样化应用的同时，机房需要一套完善且可靠的能源设备。对这些设备的定期检查与更新不仅能提高其可靠性，还能确保其在特定环境和负载条件下能够持续稳定地运行。

电力供应系统，包括主电源、UPS 和应急发电机，是定期检查与更新的首要目标。主电源的维护需要关注电压、电流和功率因数等多个指标，以及相关的保护装置和接地系统。这些都需要专业的维护团队进行全面的检查和调试。UPS 系统的电池状态、转换效率和散热情况也需要定期检查。长期使用后，UPS 的电池容量会逐渐衰减，必须进行更换以保证电力供应的稳定性。同样，应急发电机的燃料、发动机状态、输出电压等也应该纳入定期检查的项目。

冷却系统的定期检查与更新是另一个不能忽视的环节。冷却系统包括冷却塔、冷水机组、风扇和其他相关设备。这些设备可能由于长时间运行、环境因素或者自然磨损而出现效能下降或故障。冷却液的状态、冷却塔的散热效率，以及风扇、泵浦和其他动力设备的运行状态都需要细致的检查和调整。需要注意的是，冷却系统的更新不仅仅是更换损坏或陈旧的部件，还包括系统级别的优化和升级。

所有这些检查与更新活动都需要相应的记录和文档，以便进行长期的分析和评估。通过对历史数据的分析，维护团队可以更准确地预测设备的寿命和维护周期，从而制订更合适的更新计划。这种基于数据的管理方式不仅能提高设备的使用效率，还能减少由于突发故障导致的运行中断和经济损失。

除了硬件的定期检查与更新，相关的软件系统也需要得到同样的重视。控制软件的更新和调整是提高能源设备运行效率的重要措施。软件更新可以带来更准确的数据采集、更高效的能源分配，以及更快速的故障诊断。

第七章 计算机机房的人员管理

本章专注于计算机机房的人员管理，涵盖从人员配置与培训到人员职责与考核，再到人员协作与沟通，以及人员的持续发展等多个方面。这些方面共同构成一个高效、专业和可持续发展的管理体系，旨在支持高校计算机机房的日常管理和长远规划。

第一节 人员配置与培训

在高校计算机机房的日常管理中，人员配置与培训无疑是成功的关键之一。本节将重点探讨如何精确地进行人员配置以满足机房多样化的需求，并为这些人员提供合适的培训，以确保他们能高效、专业地完成各种任务。从操作员到管理员，从技术支持到安全专家，每一个角色都有其独特的职责和要求。因此，本节将进行人员岗位与职责分析详细解析各个岗位的职责、所需的技能和资质，并针对这些需求制订相应的培训计划。

人员配置与培训不仅涉及如何选择具备必要技能和经验的人才，还涉及如何持续地提升这些人员的能力，以适应计算机机房日新月异的技术环境。因此，本节还将讨论培训需求与计划，即如何识别培训需求、如何设计和执行培训计划，以及如何评估培训效果。

专业认证与提高在技术人员能力提升方面起到重要作用。从基础的IT认证到更为高级的网络或安全认证，各种证书为机房工作人员提供了展示其专业能力的途径。因此，本节也将探讨更适合高校计算机机房工作人员的认证，及将这些认证纳入个人和团队的发展计划之中。

人员绩效评估与激励机制也是人员配置与培训的重要组成部分。合适的评估标准和激励机制不仅能确保人员能力的持续提升，还能大大提高工作积极性。

综合以上因素，本节将为高校计算机机房的人员配置与培训提供全方位的指导和建议，以确保机房能在人力资源方面达到最佳状态。

一、人员岗位与职责分析

在高校计算机机房中，人员配置是成功管理的基础，而职责分析则是人员配置的出发点。在进行人员岗位与职责分析时，要认识到计算机机房不仅仅是一群硬件设备和软件应用的集合，更是一个需要多学科知识、多技能人才综合管理的复杂体系。

机房管理员负责整个机房的运行和维护，包括设备购置、网络配置、安全措施实施，以及与高校其他部门的沟通协作等。机房管理员也是应急响应计划的核心执行者，需要具备高度的责任心和丰富的实践经验。除了对硬件和软件有全面的理解，还需要有网络安全、数据管理等方面的专业知识和实践。

技术支持人员则是解决日常技术问题的第一道防线。他们需要熟悉各类硬件设备的基础配置和常见问题的解决方案，也要对应用软件有一定程度的了解。在高峰使用期或特殊情况下，技术支持人员应能迅速准确地诊断问题，并提出有效的解决方案。

安全专家负责机房的信息安全工作，包括数据加密、防火墙设置、入侵检测等。由于高校计算机机房通常存储有大量敏感信息，如学生资料、研究数据等，因此安全工作尤为重要。安全专家需要与管理员密切合作，以确保所有硬件和软件都达到相应的安全标准。

维护人员主要负责设备的日常保养和定期检查，以及在设备出现故障时进行及时的维修。他们需要与供应商保持良好的关系，以便在需要更换配件或升级设备时能得到及时的支持。

网络工程师则负责机房内外网络的稳定运行。除了要确保硬件设备如交换机、路由器等工作正常，还需要时刻关注网络流量，以便在出现问题时迅速定位故障原因。

除了以上几种常见的岗位，还有如数据分析师、云计算专家等更为专业的角色。这些人员通常需要具有更高的专业素养，以满足特定的需求。

通过对不同岗位进行职责分析，可以更准确地进行人员配置，确保每一个角色都能找到合适的人选，也有助于明确各个岗位之间的合作关系，形成一个高效、协同的工作团队。总体而言，人员岗位与职责分析是高校计算机机房的人员管理工作中至关重要的一环，它直接关系到机房能否高效、安全、稳定地运行。因此，这一工作必须得到充分的重视和精心的安排。

二、培训需求与计划

培训需求与计划在高校计算机机房的人员管理中占有不可或缺的地位。正因如此，充分了解每个岗位的职责和所需技能，然后针对性地进行培训，成为确保机房高效运行的关键环节。在这一过程中，机房的负责人和人力资源部门需密切合作，以确保培训计划的实施能带来预期的效果。

从需求出发，制订培训计划的重要性不言而喻。培训需求一方面来源于日常工作中遇到的问题和挑战，如新设备的接入、新技术的应用、安全威胁的预防等。另一方面，也需要根据高校发展战略和教学科研需求进行预测，以及时做好人员技能的储备。例如，如果高校计划进行大规模的远程教学，那么机房工作人员需要在网络稳定性、数据安全性等方面加强培训。

明确了培训需求后，下一步就是设计具体的培训计划。一个有效的培训计划应包括培训主题、培训对象、培训时间、培训方式，以及预期效果的评估标准。当然，所有这些都需要根据实际情况进行灵活调整。例如，对于初级的技术支持人员，培训主要集中在解决常见问题和基础设备操作上；而对于高级管理员和安全专家，则需要进行更深入的技术探讨和实践操作。

培训方式多种多样，如面授课程、在线课程、实战演练、外出参观考察等。最重要的是，培训内容要与日常工作紧密结合，能够解决实际问题，也要具有一定的前瞻性，为未来可能出现的新问题和新挑战做好准备。除了技术培训外，还应加强与之相关的管理和沟通技能培训，以提高整个团队的工作效率和协作能力。

培训的效果评估是确保培训计划有效性的重要环节。评估不仅包括培训后的即时反馈，还应进行长期跟踪，以观察培训内容在实际工作中的应用效果。只有这样，才能不断优化培训计划，使之更加符合机房工作人员的实际需求。

三、专业认证与提高

专业认证与提高在高校计算机机房的人员管理中具有特殊的意义。不仅因为这些认证往往是人员技能水平的直接体现，更因为它们有助于建立机构信任，增加服务可靠性，并为机房工作人员提供一个明确的职业发展路径。

从操作系统管理到网络安全，从数据分析到云计算，各种专业认证为机房工作人员提供了扎实的专业技能训练。而这些认证，通常都由全球认可的专业组织进行，包括 Cisco、Microsoft、甲骨文（Oracle）和美国计算机行业协会（computing technology industry association，CompTIA）等。这种形式的专业认证确保了技术人员具有一定的专业水平和实践经验，而这对于高校计算机机房这种需要高度专业化管理的场合尤为重要。

这些认证的获取通常需要经过一系列严格的测试和实践应用，内容涵盖了从基础理论到高级应用的各个方面。这样的培训和考核过程，对提高工作效率和减少由于技术错误导致的问题具有重要价值。认证通常需要周期性的续期，这也意味着机房工作人员需要持续学习和提高，以适应快速发展的信息技术。

除了技术能力，专业认证还在很大程度上强调了职业道德和责任感，这在处理敏感或者关键数据时尤为重要。通过认证的人员更容易获得管理者和用户的信任，这对于机房的正常运行和长远发展都具有积极影响。

专业认证并不是目的，而是手段，最终目的是通过不断的学习和实践，实现个人和组织的共同提升。因此，除了积极参与认证考核，机房工作人员还应该参与各种内部培训和外部研讨会，与业界专家和同行进行交流和合作，以便及时了解最新的行业动态和技术发展情况。

值得注意的是，专业认证通常需要投入不少时间和财力。因此，高校和机房管理部门应当在财政预算和人力资源配置方面给予足够的支持。同时，也应鼓励已经获得认证的员工在工作中将所学知识和技能发挥到极致，以提高整体服务质量和效率。

四、人员绩效评估与激励

在高校计算机机房中，人员绩效评估与激励起着不可忽视的作用。评估与激励机制不仅能量化和定性地反映员工的工作贡献，而且有助于激发其工作热情和创造性。正是基于这样的背景，绩效评估与激励成了实现机房高效运行和持续发展的关键因素之一。

绩效评估常常是一个多维度的过程，包括技术能力、团队协作、创新思维、任务完成度等多个方面。在技术能力方面，以项目完成质量和解决问题的能力为评价标准；在团队协作方面，评价个体如何与团队成员进行有效沟通，以及在团队中的贡献程度；在创新思维方面，关注员工是否能提出有益的建议和解决方案；而在任务完成度方面，看重的是能否按时按质完成各项工作任务。

激励则是绩效评估的自然延伸，其方式和手段也是多样的。经济激励如奖金、提成、股票等，是最直接的激励方式，但不是唯一的。心理激励如晋升空间、工作挑战、职业发展规划等，也是非常有效的激励手段。还有一些非物质的激励方式，比如给予员工更多的自主权，或者提供更加宽松和自由的工作环境等，都能在一定程度上提高员工的工作积极性。

绩效评估与激励也是一个需要精细操作的过程。评估标准需要明确、公正和可量化，以避免产生误导或偏见。激励机制也要科学合理，以确保能真正激发员工的工作热情和积极性。因此，建立一个有效的绩效评估与激励体系，需要机房管理者具有丰富的人力资源管理经验和敏锐的洞察力。

绩效评估与激励不应仅限于单一的年度或季度评价，而应是一个持续不断的过程。定期的中期评估和随时的反馈机制，有助于及时发现问题和调整方向。这样不仅能确保员工始终保持高度的工作热情，还能让整个团队更加凝聚和高效。

无论是评估还是激励，最终的目的都是促进个体和团队的共同发展。通过有效的评估与激励，不仅可以充分发挥员工的个人优势，还能促进团队合作意识和创新能力的提升。这样的机制，既有助于提高机房的运营效率和服务质量，也有助于推动高校计算机机房向更加专业、系统和人性化的方向发展。总体来说，人员绩效评估与激励在高校计算机机房的人员管理体系中，占据着不可或缺的重要地位。

第二节　人员职责与考核

在高校计算机机房的日常管理中，人员职责与考核是确保机房高效、稳定运行的基础环节。一个明确且高效的职责与考核体系不仅能让每一名员工清晰了解自己的工作角色和期望，还能系统地评价其绩效和助力个人与团队的成长。本节将深入探讨这一关键领域，覆盖从职责的设定和明确到各类考核指标，以及如何将这些因素与员工激励、职业发展等紧密结合。

这一领域的核心目的是建立一个透明、可衡量并与个体和组织目标紧密相连的管理体系。在这样一个体系中，每个人都知道他们的工作是如何与机房以及整个高校的目标相联系的。这样不仅有助于提高员工的工作满意度，还能确保机房能以最高效率进行运行。

通过职责的明确，员工可以更专注于其专业领域，减少工作重叠和混乱，更有效地利用时间和资源。系统的考核机制也为机房管理提供了有力的数据支持，便于及时调整管理策略和激励措施。这不仅有助于提高机房的整体运营效率，也有助于员工的个人发展和职业规划。

一、关键绩效指标（key performance index，KPI）与职责设定

在高校计算机机房环境中，明确和合理的 KPI 与职责设定是保证机房高效运行的基础。通过 KPI，机房管理层可以更精确地衡量员工的绩效，这不仅有助于激励员工追求卓越，也让管理者能够针对性地进行改进和调整。

KPI 不仅关乎硬件和软件的稳定运行，还关联到客户服务、应急响应、解决问题等方面。这些指标通常会细分到每个具体的职位和部门，

确保每个员工都有明确可量化的目标。比如，网络管理员的 KPI 包括网络的稳定性和安全性，而维护人员的 KPI 更关注设备故障率和修复时间。通过这样的分工和专业化，可以大大提升机房的整体效率。

职责设定也是另一个不可忽视的环节。一个清晰明确的职责描述不仅可以帮助员工了解自己的工作内容和范围，还能防止工作重叠或遗漏。这在高校计算机机房这种需要高度协同和响应的环境中尤为重要。具体的职责涵盖从日常的设备检查和维护到与教育和研究人员的合作，以及应对突发事件等多个方面。

值得注意的是，KPI 与职责设定并不是一次性完成后就可以永久使用的。随着技术的更新和机房需求的变化，这些标准和规定也需要不断地进行调整和优化。为了保持灵活性，一般会定期对现有的 KPI 和职责进行评估和修订。这样，不仅可以确保机房与时俱进，也有助于员工更好地适应不断变化的工作环境。

在 KPI 与职责设定过程中，员工的参与也是关键。让员工参与这一过程，不仅可以增加他们对目标和职责的认同感，还能从基层获取更多实用和具体的建议，从而使整个设定过程更为全面和准确。

通过对 KPI 与职责的明确设定，可以为高校计算机机房的管理提供有力的支持。这不仅有助于提高服务质量，还有助于构建一个积极、高效、目标明确的工作环境，从而推动机房不断向更高的运营水平迈进。

二、定期考核与评价

定期考核与评价在高校计算机机房的人员管理中起到至关重要的作用。它们是确保人员绩效与机构目标相符，以及实施个人和团队发展的关键手段。这一流程通常涵盖多个维度，包括技术能力、客户服务、团队合作和职业操守等。

考核与评价通常是周期性进行的，比如半年或一年一次。时间的选择应当综合考虑多个因素，包括机房工作的特殊性、员工的职位等级，以及整体的组织目标。周期性的考核有助于及时发现问题，提供改进方案，并在必要时进行人员调整。在每个周期结束后，都会有一个详细的考核报告，这不仅有助于员工自我了解和改进，还为管理层的决策提供了依据。

评价指标通常与前文提到的KPI密切相关，但更加全面和具体。除了技术和工作效率，还包括团队合作能力、解决问题能力、客户满意度等。每一个指标都会有明确的量化标准，这有助于确保评价的公平性和准确性。

在进行考核与评价时，一般会采用多角度、多层次的方式。除了上级的评价，同级和下级的意见也通常会被纳入考虑范围。这有助于获取一个更全面和多元的视角。为了保证客观性，所有的评价通常都是匿名的，并由专门的考核组或者第三方机构进行整理和分析。

完成考核与评价后，下一步就是反馈和行动计划。每个员工都会收到一份详细的考核结果，以及针对性的改进建议。这一过程通常会涉及一对一的面谈，以确保信息的准确传达和更好地理解员工的需求与期望。

考核结果还可能影响员工的薪酬、晋升和其他激励机制。在某些情况下，如果员工的表现持续不佳，可能会触发更为严格的措施，甚至包括解雇。

三、人员发展规划

人员发展规划在高校计算机机房的管理体系中占有重要地位，因为它关乎员工个人职业生涯的成长，也直接影响到整个机房和高校的长期竞争力。精心设计的人员发展规划不仅有助于招聘和保留高素质的专业人才，还能确保机房内的各项业务得到高效、高质量的执行。

当谈到人员发展规划，不可避免地要讨论到职业路径的设定。这通常涵盖从入门级到高级管理职位的所有梯度，为不同经验和技能等级的员工提供了清晰的晋升通道。对于新入职的员工，可能需要先通过一段时间的技能培训和实践，以熟悉机房的具体运作方式和组织文化。随后，他们可以根据个人兴趣和长期职业目标，选择进一步专精于某一领域，如系统维护、网络安全、数据分析等。

除了技能和知识的提升，领导力培养也是人员发展规划中不可或缺的一部分。即便是技术岗位，良好的沟通能力和团队协作精神在日常工作中也是至关重要的。这样的软技能通常需要通过实际工作经验以及定期的培训和评估来不断提升。

为了实施有效的人员发展规划，管理层需要与员工进行密切沟通，了解他们的个人需求和职业目标。这通常通过定期的一对一面谈以及年度绩效评价来实现。在这一过程中，可以识别出员工在工作中面临的具体问题和挑战，进而为他们提供个性化的指导和支持。

人员发展规划还与多种激励机制相结合，包括薪酬调整、职位晋升，以及各种专业发展机会，比如参加行业大会或国内外进修培训。这些激励机制应与员工的具体表现和长期贡献相匹配，以确保最终能达到预期的效果。

高校计算机机房作为一个高度专业化和技术密集型的工作环境，需要不断地跟进和应用最新的科技成果和行业趋势。因此，持续教育和技能更新是任何成功的人员发展规划中不可缺少的一环。这不仅需要高校内部提供充足的学习资源和培训机会，还可能涉及与外部研究机构和企业的合作。

四、考核结果的反馈与改进

考核结果的反馈与改进在高校计算机机房的人力资源管理中具有关键意义。有效的反馈机制不仅提供了对员工绩效的准确评价，还能激发员工的工作热情，促使他们更加积极地参与日常任务和项目。

传统的年终绩效考核往往是一次性、单向的评价，容易忽视在工作过程中出现的问题和需要改进的地方。现代的反馈与改进机制更侧重于持续性和双向性，强调与员工建立开放、诚实的沟通渠道，以便及时了解他们在工作中遇到的困难和需求。

在考核结果发布后，管理者和员工通常会进行一次详细的面对面沟通，讨论考核内容和得分，并确定后续的改进方向。这是一个相对敏感而重要的过程，需要管理者具备高度的同情心和专业判断力，以确保能准确地识别存在问题的根本原因，而不仅仅是表面现象。

在反馈过程中，具体的改进建议和目标设定同样重要。与员工共同商定可量化、可执行的短期和长期目标，能更有效地激励他们积极参与改进工作。这些目标也应与机房的整体战略和任务相一致，以确保能实现最大化的综合效益。

对于在考核中表现优秀的员工，除了提供物质和精神上的激励之外，还可以考虑将他们的成功经验和最佳实践进行内部分享，以便其他员工能从中学习和受益。这不仅有助于提升整个机房的工作效率和专业水平，还能进一步增强员工之间的团队合作和凝聚力。

考核结果的反馈与改进不应仅限于管理层与员工之间的交流。对于涉及多个部门或团队的项目和任务，还需要进行跨部门的信息分享和协作，确保各方能共同参与改进过程，从而实现更高水平的整体优化。

反馈与改进的实施也需要配合相应的跟踪和监控机制，以确保改进措施能够得到有效执行，并在必要时做出适当的调整。这通常通过定期的绩效评价和面谈，以及不定期的项目审查和报告来实现。

第三节 人员协作与沟通

在高校计算机机房的日常管理中，人员协作与沟通是确保计算机机房高效、稳定和安全运行的关键因素。机房不仅是技术集中的场所，也是人力资源进行合作和沟通的平台。无论是硬件维护、软件更新、网络管理还是数据安全，所有这些方面都需要团队成员之间密切合作，并通过有效的沟通来协调各种任务和活动。

一、团队合作文化建设

团队合作文化在高校计算机机房的日常管理中起着至关重要的作用。健康、协同和高效的团队文化不仅能提高员工的工作满意度，还能增加工作效率，减少错误和故障，从而确保机房能稳定、安全地运行。

在合作文化的构建中，信任是一个核心元素。当团队成员彼此信任，他们更愿意分享信息、知识和经验，这对于解决复杂的技术问题和应对突发情况是非常重要的。信任的建立不是一蹴而就的，需要通过公平、透明和公正的管理，以及有效的沟通来逐渐培养。

除了信任之外，尊重也是团队合作文化中不可或缺的一部分。每个团队成员都应该被视为一个有价值的个体，他们的观点和建议都应当受到充分的重视和考虑。在日常工作中，尊重表现为听取不同意见、平等对待所有团队成员，以及在适当的时候给予表扬和鼓励。

责任感也是构建合作文化的关键。在机房环境中，每个小错误都可能导致严重的后果，因此团队成员需要有强烈的责任心，以确保各自的工作都能准确无误地完成。当员工明确了解自己的职责，并愿意为团队目标做出贡献时，整个团队都将受益。

适应性和灵活性也是成功团队所需的特质。计算机机房是一个快速发展和不断变化的环境，团队成员需要能够迅速适应新的技术、工具和工作流程。这需要一个开放和愿意学习的团队文化，以及定期的培训和技能更新。

有效的沟通是所有这些元素融合在一起的关键。无论是通过日常会议、项目讨论，还是使用各种沟通工具，团队成员需要能够清晰、准确地表达自己的想法和需求，也要善于倾听和理解他人。这样，不仅可以提高工作效率，还能减少误解和冲突，从而创建一个更加和谐和高效的工作环境。

二、沟通技巧与工具

在高校计算机机房的环境中，有效的沟通技巧与工具选择尤为重要。因为这里不仅仅是硬件和软件的集结地，更是由具有不同技能和背景的人员组成的多元团队。沟通的质量直接影响到团队效率、故障响应速度，甚至整个机房运营的稳定性。

沟通技巧方面，明确性和准确性是至关重要的。在一个充满技术细节和专业术语的环境里，模糊或者错误的信息可能导致严重的后果。因此，无论是口头还是书面沟通，都需要用尽量简单、明了的语言来描述复杂的技术问题或任务要求。在传达重要信息或做出重要决策时，应避免单一的沟通渠道，而应通过多种方式来确认信息的准确性和完整性。

倾听是重要的沟通技巧。在日常工作中，特别是在解决问题或应对紧急情况时，有效的倾听不仅能加快信息的传递，还能减少不必要的误解和冲突。而在日常管理中，倾听员工的意见和建议，也是提高团队士气和工作满意度的重要手段。

非言语沟通也不容忽视。身体语言、面部表情，以及声音的音调和节奏，都可能影响信息传递的效果。因此，无论是团队会议还是一对一的交流，都需要注意这些非言语因素，以增加沟通的效果和准确性。

从沟通工具的角度来看，传统的电子邮件和电话依然有其不可替代的作用，特别是在需要简明扼要地描述复杂问题或者传达重要决策时。然而，在快节奏和高效率的机房环境中，即时通信工具如钉钉、微信等，以及任务管理工具如 Jira 等，逐渐显示出其优势。这些工具不仅可以实时传递信息，还提供了任务分配、进度跟踪等高级功能，大大提高了团队的工作效率。

除了日常的个人和团队沟通，远程会议和网络协作工具也在逐渐成为标配。这些工具不仅能让团队成员在任何时间、任何地点进行有效的沟通，还提供了屏幕共享、文档协作等高级功能，使得复杂的技术问题和项目任务能得到更为高效和准确的解决。

三、冲突管理与解决

冲突在任何组织里都是不可避免的，高校计算机机房也不例外。与其试图避免冲突，更为明智的做法是设法有效地管理和解决冲突。冲突可能来自个多方面，包括任务分配、资源分配、工作方式，以及人际关系等。在一个技术和管理密集的环境里，如何妥善处理这些冲突，往往影响到整个机房的运营效率和稳定性。

理解冲突的根源是解决问题的第一步。通常，表面上的冲突往往是更深层次问题的表现。例如，两名技术员因为服务器维护的方法不同而产生分歧，其实质可能是对资源或权责的不满。因此，单纯地要求他们妥协或选择一种方法，并不能真正解决问题。需要深入了解问题的实质，并找到一个能让所有相关人员都能接受的解决方案。

与此同时，透明和公正的沟通机制也是冲突管理的关键。当冲突发生时，应尽快组织有关人员进行面对面的沟通，以便及时了解问题的全貌，并避免误解和猜测进一步加剧冲突。在沟通的过程中，应鼓励所有参与者坦诚地表达自己的观点和需求，而不是简单地找一个"替罪羊"或者妥协以求和平。

解决冲突不仅是管理者的责任，也是所有团队成员应共同参与的过程。在某些情况下，还需要引入第三方调解人，如人力资源部门或专业的冲突解决顾问，以确保处理过程的公正性和有效性。然而，在日常管理中，更为有效的方法是培养团队成员自身的冲突解决能力，如沟通技巧、问题分析能力，以及团队协作精神等。

除了解决已经出现的冲突，预防也同样重要，包括定期的团队培训和评估，以及明确和合理的任务和责任分配等。当团队成员明确自己的角色和目标，以及如何与他人合作以实现这些目标时，冲突的可能性会大大减少。

应视冲突为团队发展的一个重要环节，而不是需要避免或压制的负面事件。妥善处理和解决冲突，能提高团队成员之间的相互了解和信任，从而提高整个团队的凝聚力和执行力。这不仅有利于解决当下的问题，也为解决未来可能出现的更复杂和严峻的问题，提供了宝贵的经验。总体而言，有效的冲突管理和解决是高校计算机机房健康、稳定和高效运行的重要保证。

四、团队建设活动与培训

团队建设活动与培训在高校计算机机房的日常管理中占有不可或缺的地位。它不仅关乎提高每个团队成员的技术和管理能力，更在于增强团队之间的合作和凝聚力。计算机机房不仅是一系列硬件和软件的集合，更有一支由多个不同专业背景、技能和经验丰富度的人组成的团队。因此，通过有针对性的团队建设活动与培训，能在多个层面上提升机房的运营效率和服务质量。

团队建设活动通常包括角色扮演、情景模拟，以及不同形式的团队协作游戏等。这些活动能有效地模拟实际工作中可能遇到的各种情况和挑战，从而让团队成员在轻松愉快的环境中提高自己的沟通、协作和解决问题能力。这对于提高整个机房的应变能力和危机处理能力具有重要意义。

培训活动应结合机房的实际需要和团队成员的个人发展目标进行设计和实施，包括新员工的入职培训，以及针对不同岗位和职责的专项技术和管理培训。例如，服务器管理员需要深入了解最新的服务器硬件和操作系统，而网络工程师则更关注如何优化网络架构和提高数据传输的安全性和稳定性。

培训内容不应局限于纯粹的技术或管理知识，还应包括如何提高团队协作和沟通效率的软技能培训。例如，时间管理、项目管理，以及高效沟通等方面。这些软技能在实际工作中往往同硬技能一样，甚至更为重要。一个能够高效沟通和协作的团队，能在面对复杂和多变的挑战时，展现出更强的应变能力和执行力。

培训和团队建设活动的成功与否，很大程度上取决于其是否能带来实际的工作效果和团队氛围的改善。因此，这些活动应在充分了解和分析机房运营现状的基础上进行，以确保其内容和形式与实际需要相匹配。此外，应定期对培训和团队建设活动的效果进行评估和反馈，以便不断优化和调整。

第四节　人员的持续发展

在高校计算机机房的日常管理中，硬件和软件资源固然重要，但人力资源的持续发展也不可忽视。这一点在高度竞争、技术快速发展的现代环境中尤为显著。机房的成功不仅取决于其技术先进性或者硬件的完善，而且在很大程度上取决于团队成员的专业能力、团队协作，以及持续的个人与职业发展。

下面将着重探讨高校计算机机房工作人员的持续发展，包括个人发展路径的规划、持续教育与培训的重要性、技术与管理能力的全面提升，以及如何构建健康的人才梯队和培养计划。通过这一系列的分析和实例，目的是构建一个能适应未来发展需求，具备持续学习和适应能力的高效团队。

一、个人发展路径

在高校计算机机房环境中，个人发展路径是一个复杂而又至关重要的议题。这不仅关系到员工的职业满意度和工作绩效，还直接影响到机房的整体运营效率和服务质量。个人发展路径的设计和实施需要依据员工的兴趣、能力，以及机房的长期规划和短期需求来综合考量。

在职位层级方面，计算机机房通常有入门级、中级和高级的技术职位，以及各种管理职位。对于新入职的技术人员，通常从基础的 IT 支持和维护工作开始，随着经验的积累和能力的提升，有可能晋升为系统管理员或网络工程师。而对于那些具有更高技术造诣和领导潜力的员工，还可以进一步晋升为技术经理或者机房负责人。

除了纵向的职业晋升路径，个人发展还包括横向的技能拓展。随着云计算、大数据和人工智能等新技术的快速发展，机房工作人员需要不断更新自己的技能集以适应变化。这可能意味着参与更多的跨部门项目，或者学习与现有工作不完全相关但有长远应用前景的新技术。

当然，个人发展不仅仅是职位晋升和技能提升，还包括对工作满意度、工作生活平衡和职业安全感的持续改善。这需要机房的管理层与员工进行持续的沟通和反馈，以了解员工的职业发展需求和期望，从而制定更加合理和人性化的管理政策。

教育和培训也是个人发展路径中不可或缺的一环。不管是内部培训还是外部进修，都为员工提供了提升自我、适应变化的平台。特别是对于高校机房这样技术密集、更新快速的工作环境，持续学习和培训是跟上技术潮流，实现个人能力提升的重要途径。

个人发展路径的设计和实施是一个动态调整和持续改进的过程。机房需要根据自身战略目标和外部环境变化，不断更新和优化员工的个人发展计划。这不仅有助于提高员工的工作绩效和职业满意度，还有助于机房吸引和留住更多的优秀人才，构建更加和谐、高效和创新的工作氛围。

二、持续教育与培训

持续教育与培训在高校计算机机房的人员管理体系中扮演着至关重要的角色。在一个不断变化的技术环境中，员工必须始终处于学习状态，以适应新技术和工具的出现。由于计算机机房通常涵盖硬件、软件、网络、安全等多个方面，教育和培训计划需要多元化，以满足不同员工在不同领域内的进修需要。

持续教育通常包括在线课程、研讨会、工作坊和实际项目经验等形式。这些教育形式各有优点和不足，应根据机房的具体需求和员工的个性特点灵活选用。在线课程和研讨会方便员工在自己的时间和节奏下进行学习，而工作坊和实际项目经验则更强调团队合作和实际操作能力。

与持续教育相伴随的是持续评估。这种评估不仅包括对员工在教育和培训中的表现进行量化，还要关注其对工作绩效的影响。只有这样，教育和培训计划才能真正达到提高员工能力和机房整体运营效率的目的。

培训内容通常应覆盖专业技能和软技能两个方面。专业技能包括操作系统管理、网络配置、数据备份和恢复等，这些都是高校计算机机房日常管理的基础。软技能则包括沟通、团队合作、时间管理等，这些对于提高工作效率和促进团队和谐同样重要。

持续教育与培训也应与员工的个人发展计划紧密结合。在定期的绩效评估中，管理者应与员工一起回顾其教育和培训经历，讨论其在工作中的应用，以及未来的学习计划和目标。这样既能确保教育和培训计划与机房的长期战略和短期需求相符，也有助于提高员工的职业满意度和工作投入程度。

从长远看，持续教育与培训不仅是员工个人发展的重要手段，也是机房维持竞争力和应对挑战的关键。通过有效的教育和培训机制，高校计算机机房不仅能提高自身的运营效率和服务质量，还能成为吸引和留住优秀人才的优质平台。这也能促进机房内部的知识共享和技能传承，形成一种积极向上、持续改进的工作文化。这无疑将极大地推动高校计算机机房在未来几年内维持其在行业内的领先地位。

三、技术与管理能力提升

技术与管理能力提升在高校计算机机房中是一项关键任务，与持续教育和培训密切相关，但有更多具体的执行细节和目标。无论是硬件还是软件，技术都在不断地演变，这要求计算机机房的员工必须紧跟时代的步伐，不断提升自己的技术水平。管理能力则涉及如何有效地组织和调度资源，确保计算机机房的稳定运行和服务质量。

在技术能力方面，不仅要强调各种操作系统、数据库管理系统和应用软件的熟练操作，还需要注意到网络安全、数据分析等多个维度。这样的全面技能设置不仅能提高个体的工作效率，也有助于计算机机房整体的稳定运行。通过内部培训、外部研讨会、行业大会等多种途径，员工可以在实际操作中磨炼自己的技术能力，也可以在与同行的交流中获得新的知识和灵感。

技术能力的提升并不是孤立的，它需要在良好的管理体系下进行。有效的管理不仅可以为技术人员提供更多的学习和成长空间，还能确保计算机机房在面对各种突发情况时能够迅速、准确地做出反应。管理能力的提升涵盖多个方面，包括项目管理、人员调度、财务预算等。其中，项目管理尤为重要，它不仅涉及如何按时按质完成各项任务，还需要考虑到团队协作、资源分配等多个因素。

技术与管理能力的提升也是一个动态的过程，需要根据计算机机房的实际情况和外部环境进行不断的调整和优化。这就需要在日常工作中建立一套完善的绩效评价和反馈机制。通过定期的考核和评价，管理者可以更准确地了解每个员工的优点和不足，从而针对性地提供教育和培训资源。同时，员工也可以通过这样的机制更清晰地了解自己的职业发展路径，以及需要做出努力来实现自己的职业目标。

在高校计算机机房这样一个特殊的环境中，技术与管理能力的提升有其独特的重要性和紧迫性。一方面，高校计算机机房需要为教学和科研提供强有力的支持，这就要求其在技术上始终保持先进性和领先性。另一方面，由于高校计算机机房通常涉及大量敏感和重要的数据，所以在管理上也需要做到严谨和精细。通过持续地提升技术与管理能力，不仅可以提高计算机机房自身的运营效率和服务质量，还能为高校的整体信息化建设做出重要贡献。这无疑将有助于高校计算机机房在未来的发展中更好地应对各种挑战和机遇。

四、人才梯队与培养

在高校计算机机房的日常管理中，人才梯队与培养起着至关重要的作用。一个强大而高效的人才梯队不仅能确保计算机机房的持续稳定运行，还能为未来的技术创新和服务优化提供坚实的支撑。人才梯队的构建是一个长期、系统的工程，涉及多个方面的综合考虑，包括员工的选聘、培训、晋升以及职业发展规划等。

谈到人才梯队的构建，最基础的一步就是合理的人员选拔。高校计算机机房需要具备多元化的技术背景和丰富经验的人才，包括系统管理员、网络工程师、数据分析师等不同角色。通过严格的面试和背景调查，以及参照行业内的最佳实践，管理者应该能够选聘出最合适的人才。选聘完成后，新员工通常需要经过一段时间的试用期，以便更全面地评估其工作能力和团队适应性。

人才培养则是一个持续不断的过程。除了初入职场的新员工需要进行基础培训以适应工作环境，资深员工也需要不断地更新自己的知识和技能，以适应不断变化的技术环境。在这一过程中，内部培训、外部研讨会、在线课程等多种培训方式可以并行使用，以确保员工得到全面而高质量的教育。

而人才梯队的培养不仅仅是单个员工层面的提升，更重要的是要构建一个具有层次和多样性的团队。也就是说，不同层级和职位的员工应该有不同的培训和晋升路径。比如，初级的技术员更多地需要掌握基础的操作技能，而高级的项目经理则需要具备丰富的行业经验和出色的管理能力。

人才梯队的构建也需要有明确的时间规划和目标设定。这通常包括员工的短期和长期职业发展规划，以及与之相应的教育和培训计划。通过对个体和团队目标的不断调整和优化，管理者可以更准确地评估人才梯队的整体状况，以及需要在哪些方面进行改进或加强。

第八章　计算机机房的未来发展

　　计算机机房作为现代教育体系中不可或缺的一部分，其未来发展不仅影响着教学质量，还在很大程度上决定了高校在科研、信息管理，以及社会服务等多个方面的综合实力。面对云计算、大数据、人工智能（artificial intelligence，AI）等新一代信息技术的快速发展，如何有效地整合这些先进技术，以提升机房的运营效率和服务质量，已经成为当务之急。环境保护、节能减排也逐渐被纳入机房管理的重要议题。本章将针对这些关键技术和管理挑战进行全面的探讨，并提出针对性的解决方案和未来展望。

第一节　云计算与计算机机房

　　本节将重点讨论云计算技术如何改变和优化计算机机房的运行模式，包括云计算的基本概念与应用、云计算对机房的影响、机房与云计算的协同发展以及私有云、公有云与混合云在机房中的应用。

一、云计算的基本概念与应用

　　云计算在当今的信息技术领域已经成为一种无处不在的模式，它改变了数据的存储、处理和分发方式，以及软件和服务的提供机制。高校计算机机房作为信息技术应用的前沿，自然不能忽视云计算所带来的种种变革和机遇。

云计算的基本概念源自一种分布式计算的思想。通过构建一个庞大的计算资源池，可以随时随地提供计算能力、存储空间和各种应用服务。云计算的核心价值在于，它能让个体用户或机构无须拥有昂贵的硬件和软件，就能获得所需的各种信息处理服务。这种模式极大地降低了信息技术应用的门槛，也提高了计算和数据处理的效率。

在高校计算机机房的具体应用场景中，云计算技术可以应用于多个方面。教学方面，教师和学生可以通过云平台进行远程教学和学习，实现教育资源的最大化共享。而在科研领域，研究人员可以利用云计算的强大计算能力，来进行数据挖掘、模拟实验等高级应用。管理层面，通过将各种学校管理系统部署在云平台上，不仅能够实现信息的高效整合，还能通过数据分析来提升管理效率。

应用云计算并非没有挑战，其中最明显的就是数据安全和隐私保护问题。尤其是涉及学生个人信息和教学内容的数据，如何确保其在云端的安全存储和传输，是每一个计算机机房管理者需要认真考虑的问题。

除了安全性，网络稳定性和服务可靠性也是云计算应用中不可忽视的方面。因为所有的数据和服务都依赖云端，一旦发生网络故障或者服务中断，将直接影响到教学和科研活动。

尽管存在这些挑战，但云计算依然被认为是高校计算机机房未来发展的重要方向。通过合理的规划和管理，以及与云服务提供商进行深度合作，有望解决这些问题，从而让云计算技术在高校计算机机房中得到更广泛和高效的应用。因此，云计算不仅是一种技术和工具，更是高校计算机机房进一步提升服务质量、拓展服务范围和实现自身价值的重要手段。

二、云计算对机房的影响

云计算对高校计算机机房产生了深远的影响，这些影响多维度、多角度地改变了机房的运行模式、技术应用和管理思路。可以说，云计算不仅在技术层面重新定义了计算机机房的功能，而且在战略层面为其未来发展开辟了新的路径。

从资本投入的角度来看，云计算显著降低了机房的硬件成本。以往，为了保证计算能力和数据存储，高校计算机机房需要投入大量资金购买服务器、存储设备和网络硬件。但在云计算模式下，这些需求可以通过租用云服务来满足，这样不仅减少了前期的资本开支，还能在运营期间根据实际需求灵活地调整资源配置。

技术更新速度是计算机机房面临的另一个挑战，传统的硬件更新周期通常较长，而技术进步却日新月异。云计算模式允许机房能够随时获得最新的硬件和软件资源，这样就可以更快地响应教学和科研的各种需求，无须担心技术过时带来的效能下降。

在管理方面，云计算也带来了一系列积极变化。传统的机房管理往往侧重于硬件维护和故障排除，而在云计算环境下，更多的注意力被转移到服务质量、数据安全和使用效率上。这也意味着，机房管理人员需要具备更多与云计算相关的专业知识和技能，比如虚拟化管理、数据分析和网络安全。

数据安全问题在云计算应用中尤为突出，这也是机房需要特别关注的方面。由于数据存储和处理都依赖远程的云服务器，所以如何确保数据在传输和存储过程中的安全，以及如何防止未经授权的数据访问，都是机房管理者需要解决的问题。

云计算模式下的服务可靠性和网络稳定性也不能忽视。因为所有的数据和应用都存储在云端，一旦发生网络故障或服务中断，将会对教学和科研活动产生严重影响。因此，如何构建一个高可用、高稳定性的云计算环境，是每一个机房都需要面对的挑战。

云计算对高校计算机机房的影响是全方位和深层次的，它不仅改变了机房的运行模式和技术应用，还推动了其在管理、安全和服务方面的全面提升。因此，充分理解和掌握云计算的基本概念和应用，对于高校计算机机房来说，不仅是一种技术创新，更是一种战略选择。

三、机房与云计算的协同发展

机房与云计算的协同发展成为当下高校计算机机房未来战略规划中不可或缺的一环。云计算的广泛应用不是替代传统机房，而是与之形成有机结合，共同促进教学、科研与管理工作的高效进行。

传统机房资源通常是固定和有限的，这对于应对多样化和快速变化的教学科研需求显然是不够的。云计算的弹性和可扩展性提供了一种理想的解决方案，使得高校能够根据实际需求动态调整计算资源。例如，在大规模数据处理或复杂模拟计算的高峰期，可以迅速租用云计算能力来满足暂时增加的需求，而不必担心本地机房资源的不足。

云计算也能与现有的机房设施和服务进行深度整合。例如，数据备份和恢复是每一个机房都需要考虑的问题，而云存储提供了一种既经济又高效的解决方案。通过将关键数据定期备份到云端，既可以减轻本地存储设备的压力，也能在发生硬件故障或数据丢失的情况下，迅速进行数据恢复。

高校计算机机房的管理和维护工作也因为云计算而发生了根本性的变化。以往，大量的人力和时间需要投入硬件设备的日常维护和故障排除中。而现在，这些工作可以通过云端的自动化工具和服务来完成，从而使机房管理人员能够更多地专注提高服务质量和用户体验。

云计算还为高校带来了更为广阔的合作空间。通过云端服务，各个高校之间能够更加方便地共享教学资源和科研成果，从而实现资源的优化配置和价值最大化。同时，云计算也促进了高校与企业、研究机构等其他社会组织的深度合作，共同推动科技创新和人才培养。

从更宏观的角度来看，随着云计算技术的不断进步，未来可能出现更多机房与云计算的协同应用场景。例如，通过边缘计算技术，可以将一部分计算任务从云端迁移到离用户更近的机房中，从而降低网络延迟和提高数据处理速度；通过区块链等先进技术，实现机房与云计算环境中的数据安全和隐私保护。

四、私有云、公有云与混合云在机房中的应用

高校计算机机房面临不断变化的教学和科研需求，而云计算的多样化形态——私有云、公有云与混合云——为满足这些需求提供了灵活而高效的解决方案。私有云、公有云和混合云各有特点和应用场景，在机房的日常管理中体现出不同的价值和优势。

私有云是一种仅供特定组织内部使用的云计算环境，它赋予机房更高的自主性和灵活性。通过构建私有云，高校可以根据自身的特定需求来定制服务和资源配置，而无须受限于第三方服务提供商的标准化产品。在教学科研项目中，某些特殊需求，如高性能计算或敏感数据处理，往往需要更加精细和个性化的资源管理，私有云在这方面具有明显优势。

公有云则是由第三方公司运营的、向所有用户开放的云计算环境。相较于私有云，公有云通常能提供更为丰富和多样的服务选项，也能更快地响应市场和技术变化。在高校计算机机房中，一些非核心或短期的项目，如网站托管或在线教育平台，更适合使用公有云服务，以减少硬件投资和运营成本。

混合云结合了私有云和公有云的优点，旨在实现资源和服务的最优配置。通过混合云，高校不仅可以自主管理和控制关键资源，还能灵活地利用公有云的高度可扩展性和丰富服务，从而更好地适应不同类型和

规模的教学科研任务。具体而言，一些计算密集型或数据密集型的科研项目可以部署在私有云中以确保性能和安全性，而与之相关的数据分析和可视化工作则可以迁移到公有云中，以利用更为先进和专业的工具和服务。

除了提供更为灵活和高效的资源管理外，私有云、公有云和混合云还在诸如数据备份、灾难恢复、远程协作等方面展现出各自的优势。例如，通过将重要数据同时备份到私有云和公有云中，高校可以在确保数据安全性的同时，也能在发生本地设备故障或数据丢失时，迅速进行数据恢复。

私有云、公有云和混合云为高校计算机机房提供了一种多元和动态的运行模式，使其能够更好地应对复杂和多变的教学科研环境。但值得注意的是，云计算的多样化应用也给机房管理带来了新的挑战，例如，如何确保数据隐私和安全，如何实现不同云环境之间的无缝集成等。因此，高校需要根据自身的实际需求和条件，仔细规划和设计适合自己的云计算战略，以实现机房与云计算的有机结合和协同发展。

第二节　大数据与计算机机房

本节将关注大数据技术在机房中的应用，包括大数据的特点与技术、机房对大数据存储与处理的支持、机房为大数据提供的服务与解决方案，以及大数据带来的机房管理与维护挑战。

一、大数据的特点与技术

在高校计算机机房环境中，大数据正逐渐成为一个不可忽视的因素。它不仅改变了数据处理和分析的方式，还为教学、科研和行政管理带来了新的可能性。大数据的特点主要是数据量庞大、数据类型多样和处理速度快。

数据量庞大是大数据最直观的特点。与传统数据库相比，大数据需要处理的信息量要大得多，通常以拍字节（petabytes，PB）甚至艾字节（exabytes，EB）来衡量。这种海量的数据不仅来自传统的文本文件和数据库，还包括社交媒体、传感器、图像、视频等各种非结构化或半结构化数据。

数据类型多样也是大数据的一大特点。在高校计算机机房中，大数据包括教学评价、学术论文、实验数据、行政文档等多种类型。这些数据可能以不同的格式和标准存储，如文本、可扩展标记语言（extensible markup language，XML）、JS 键值对数据（JavaScript object notation，JSON）、二进制等，需要灵活和高效的数据处理工具来统一和标准化。

处理速度快是大数据另一个突出的特点。与传统的批处理模式不同，大数据通常需要实时或近实时的处理速度，以支持快速决策和应用。这对计算机机房的硬件配置和软件算法都提出了新的要求。

为了满足这些特点和需求，一系列专门针对大数据设计的技术和工具应运而生。其中最为知名的就是海杜普（Hadoop）和 Spark 这两个大数据处理框架。Hadoop 主要通过 Hadoop 分布式文件系统（Hadoop distributed file system，HDFS）和映射—化简（MapReduce）编程模型来实现大规模数据的存储和处理。而 Spark 则提供了更为高级和灵活的数据处理算法，如机器学习、图计算和流处理等。

除了数据处理框架，数据库技术也在大数据环境下发生了变化。传统的关系数据库因其横向扩展能力有限，逐渐被设计用于处理大规模数据的非关系型数据库（not only structured query language，NoSQL）所替代。这些数据库如 Cassandra、MongoDB 和远程字典服务（remote dictionary server，Redis），可以更有效地处理分布式和非结构化数据。

数据仓库和数据湖也是大数据环境中不可或缺的组成部分。数据仓库主要用于存储经过清洗和标准化的数据，便于进行高效的查询和分析。

而数据湖则更为灵活，可以存储原始数据和非结构化数据，以支持更为复杂和多样的数据处理需求。

　　大数据带来了新的数据处理模式和挑战，也为高校计算机机房提供了全新的应用场景和可能性。通过引入合适的大数据技术和工具，高校不仅可以更有效地支持教学和科研活动，还可以提升高校的运营效率和服务质量。

二、机房对大数据存储与处理的支持

　　大数据存储与处理对于高校计算机机房来说，是一个越来越重要的话题。与此同时，它也带来了一系列专门的支持需求，从硬件到软件，从网络到安全。因此，高校计算机机房需要进行一系列的改进和优化以适应这些新的需求。

　　在硬件方面，高校计算机机房需要部署更为强大和可扩展的存储系统来应对大数据带来的海量信息。传统的硬盘存储已经难以满足这种规模，而且也存在性能瓶颈。更先进的解决方案包括使用 SSD 以提高数据读写速度，或者部署分布式存储系统以实现数据的横向扩展。高效的存储解决方案如 HDFS 和对象存储技术，如亚马逊简单存储服务（Amazon simple storage service，S3），也逐渐在高校计算机机房中得到应用。

　　网络也是大数据存储与处理的关键组成部分。在高校计算机机房中，需要有足够带宽和低延迟的网络环境来支持大规模数据的传输和访问。这可能需要升级现有的网络设备，比如交换机和路由器，并且需要确保网络的高可用性和安全性。

　　软件方面，除了 Hadoop 和 Spark 这样的大数据处理框架，还需要一系列支持工具和平台来实现数据的采集、清洗、转换和分析，如数据仓库、数据湖以及用于数据分析的商务智能（business intelligence，BI）等。这些软件不仅需要与硬件环境和网络环境高度兼容，还需要易于维护和升级。

安全性也是高校计算机机房在支持大数据存储与处理时需要重点考虑的问题。由于大数据通常包括敏感和私密的信息，因此需要有严格的访问控制和数据加密措施来保证数据的安全。例如，使用身份验证和授权机制，以及部署数据加密和防火墙技术等。

除了硬件和软件的支持，人员培训和专业技能也是成功支持大数据存储与处理的关键。计算机机房需要有一批懂得如何配置和维护相关硬件和软件，以及如何进行有效数据分析的专业人员。

大数据为高校计算机机房带来了新的挑战，也提供了新的机会。通过适当的硬件升级、软件选择、网络优化、安全保障和人员培训，高校计算机机房不仅可以更有效地支持大数据的存储和处理，还可以为教学和科研活动提供更为强大和灵活的数据支持平台。

三、机房为大数据提供的服务与解决方案

高校计算机机房在大数据时代面临全新的机遇和挑战。一方面，大数据为教学和科研活动提供了前所未有的资源和可能；另一方面，它也要求机房提供更为强大和灵活的服务与解决方案。这包括数据存储、数据处理、数据分析，以及数据安全等多个方面。

在数据存储方面，高校计算机机房可以提供基于 Hadoop 或其他分布式文件系统的大规模存储解决方案。这些解决方案能够支持海量数据的存储和高速访问，而且具有很好的可扩展性和可靠性。除此之外，为了支持多样化的数据类型和应用场景，机房还可以提供多种存储选项，包括关系数据库、非关系数据库，以及对象存储等。

数据处理是另一个重要服务领域。除了提供高性能的计算资源，高校计算机机房还需要提供一系列大数据处理工具和平台。比如，Spark 和 Flink 这样的实时数据处理框架，以及 TensorFlow 和 PyTorch 这样的

机器学习库，都可以作为标准配置出现在机房的服务列表中。这样一来，教学和科研人员能够在同一环境中完成数据的采集、清洗、转换和分析，大大提高了工作效率。

数据分析作为大数据应用的核心环节，也是高校计算机机房需要重点支持的服务内容。除了提供各种数据分析软件，如 R 和 Python 的数据分析库，高校计算机机房还可以提供更为专业的数据分析服务，包括数据可视化、统计分析和机器学习模型构建等。这些服务不仅能够满足基础的数据分析需求，还能支持更为复杂和高级的数据挖掘和知识发现。

数据安全是所有服务和解决方案中不可或缺的一环。高校计算机机房需要确保所有存储和处理的数据都能够得到充分的保护，防止未经授权的访问和泄露。这涉及多层次的安全措施，从基础的物理安全和网络安全，到更为复杂的数据加密和身份验证机制。

高校计算机机房为大数据提供的服务与解决方案涵盖了数据的全生命周期，从生成和存储，到处理和分析，再到最终的应用和保护。这些服务和解决方案不仅需要与时俱进，跟随大数据和相关技术的快速发展而不断更新和优化，还需要与教学和科研活动密切结合，以实现最大的应用价值。通过这样全面和深入的支持，高校计算机机房有望成为大数据时代教学和科研工作的重要支撑。

四、大数据带来的机房管理与维护挑战

大数据时代对高校计算机机房带来了一系列管理与维护方面的挑战。尤其值得注意的是数据量的急剧增加、数据类型的多样化、数据处理速度提升的需求，以及数据安全与合规性的关注。这些因素使得机房不仅需要更强大的硬件资源，还需要更为复杂和精细的管理与维护策略。

数据量的急剧增加使得存储资源成为机房管理的一大挑战。传统的存储解决方案往往难以满足大数据应用的需求，尤其是在可扩展性和性

能方面。因此，机房需要引入新型的存储技术和架构，如分布式文件系统和对象存储等，以支持更大规模的数据存储和更高效的数据访问。同时，存储资源的管理也变得更为复杂，包括存储容量的规划、数据的备份与恢复，以及存储性能的监控与优化等。

数据类型的多样化要求机房能够支持多种数据格式和存储模型。除了常见的结构化数据，如关系数据库中的表格数据，还有大量的非结构化数据，如文本、图像和视频等。这些不同类型的数据可能需要不同的存储和处理解决方案，从而增加了机房资源管理的复杂性。同时，多样化的数据类型也对数据集成和数据质量管理提出了新的挑战。

数据处理速度提升的需求促使机房不断优化其计算资源。大数据应用通常需要快速地处理和分析海量数据，这就对计算能力提出了很高的要求。传统的 CPU 密集型计算模型可能难以满足这一需求，因此，更多的并行计算和高性能计算技术被引入到机房中。这不仅包括硬件层面的优化，如多核处理器和 GPU 加速等，还包括软件层面的优化，如分布式计算框架和并行算法等。

数据安全与合规性是大数据环境下机房管理不能忽视的问题。海量数据的存储和处理不仅增加了数据泄露和数据损失的风险，还可能涉及各种法律和规定的约束，如数据安全法和知识产权法等。因此，机房需要建立一套完善的数据安全策略，包括数据加密、用户认证、访问控制和审计等，以确保数据的安全和合规性。

大数据对高校计算机机房管理与维护提出了一系列新的挑战和需求。解决这些问题需要机房从硬件、软件和制度等多个方面进行全面的升级和优化。只有这样，才能确保机房能够有效支持大数据时代教学和科研活动的各种需求。

第三节　AI 与计算机机房

本节将深入探讨 AI 技术在机房管理与维护中的潜力，包括 AI 技术的概述与进展、AI 在机房管理与维护中的应用、机房为 AI 工作负载提供的优化策略，以及 AI 驱动的自动化机房运维趋势等方面。

一、AI 技术的概述与进展

AI 不仅是当今科技界的热门词汇，也正在逐渐成为高校计算机机房的一个不可或缺的组成部分。AI 领域目前已经发展出多种算法和模型，包括机器学习、深度学习、自然语言处理和强化学习等。这些技术都在推动各个行业、学科和应用场景的进步，包括自动驾驶、医疗诊断、金融交易，以及消费电子等。

机器学习算法通过从数据中自动学习规律和模式，减少了对手工编程的依赖。这使得机器可以自主进行决策，解决问题，甚至预测未来事件发生的可能性。深度学习，特别是卷积神经网络和递归神经网络，更是大大加强了机器对图像、文本和声音等复杂数据类型的理解能力。自然语言处理技术能让机器理解并生成人类语言，从而实现与人的自然交流。强化学习则主要用于训练智能体，使其能在复杂和不确定的环境中做出最优或者次优的行为决策。

AI 不仅改变了科研和商业应用的面貌，也对高校计算机机房的运行模式产生了重大影响。由于 AI 算法通常需要大量的计算资源和数据，因此对硬件设备，尤其是 GPU 和张量处理器（tensor processing unit，TPU）等专门用于并行计算的硬件，有非常高的需求。这也意味着机房需要更强大的计算能力和更高效的资源管理机制。另外，为了支持多样化的 AI 应用，机房还需要提供各种软件库和开发工具，如 TensorFlow、PyTorch 和 Scikit-learn 等。

在高校环境中，AI 技术的应用通常涉及诸多学科和领域，包括计算机科学、数据科学、工程学、生物医学、社会科学等。因此，计算机机房不仅要为计算机科学与工程专业的学生提供支持，还需要考虑到其他学科和领域对 AI 技术的需求和应用。这就需要机房具有更高的灵活性和可扩展性，以适应不断变化和发展的教学与科研需求。

与此同时，AI 的快速发展也带来了一系列伦理和社会问题，如数据隐私、算法偏见和自动化导致的就业减少等。这些问题同样需要在高校计算机机房的日常管理中得到充分的考虑和解决。总体而言，AI 已经成为当今科技发展和社会进步的重要驱动力，也为高校计算机机房带来了新的机遇和挑战。因此，如何有效地利用和管理 AI 技术，将是未来高校计算机机房需要面对的重要课题。

二、AI 在机房管理与维护中的应用

AI 在高校计算机机房管理和维护中的应用逐渐展示出其强大的潜力。尤其是在故障预测、安全监控、能源管理，以及机房的其他管理任务方面，AI 技术为机房带来了显著改进和优化。

在故障预测方面，AI 有着不错的应用体验。传统机房管理通常需要依赖人工进行硬件监控和故障排查，这不仅效率低下，而且容易出错。然而，通过应用机器学习算法，机房可以实现对各种硬件组件（如 CPU、内存、硬盘等）的实时监控，并根据历史数据和实时输入预测潜在故障。一旦系统检测到异常情况或预测到可能的故障，即可自动触发预警或者执行相应的修复措施。这不仅大大提高了机房的运行稳定性，还降低了人工维护成本。

在安全监控方面，AI 同样有着广泛的应用前景。通过分析网络流量

和用户行为数据，机器学习模型能有效识别异常活动和潜在安全威胁，从而实现对网络攻击和数据泄露的及时预防。这种自适应的安全防护机制比传统的基于规则的防火墙和入侵检测系统更为有效和灵活。

对于能源管理，机房通常需要消耗大量的电力来维持设备的正常运行和散热。AI 技术，特别是强化学习算法，可以实现对机房能源消耗的智能调度和优化。通过不断地收集和分析设备运行状态、环境温度、能源价格等多方面的数据，系统能自动调整设备的运行模式和散热策略，从而在保证性能的同时降低能源消耗。

AI 还可以应用于机房的其他管理任务，如软件部署、数据备份、资源分配等。例如，通过使用自然语言处理技术，机房管理者可以通过简单的语言命令来控制和配置各种设备和应用，从而提高工作效率。

AI 技术为高校计算机机房的管理和维护带来了革命性的改变。通过应用先进的算法和模型，机房不仅能实现更高的运营效率和稳定性，还能应对日益复杂和多变的安全威胁和管理挑战。随着 AI 技术的不断发展和优化，其在机房管理和维护中的应用将更加广泛和深入。这不仅为机房提供了强大的支持和保障，也为教学和科研工作创造了更为便利和高效的环境。

三、机房为 AI 工作负载提供的优化策略

随着 AI 技术的不断发展，高校计算机机房面临着为 AI 工作负载提供更优化、更高效服务的挑战。特别是在数据分析、模型训练和推理等方面，AI 工作负载对计算能力、存储方面和网络延迟有着更高的需求。因此，机房需要采取一系列优化策略来满足这些特殊需求。

对于计算能力，传统的 CPU 已经不能满足 AI 工作负载的高性能计算需求。因此，机房需要引入具有专门 AI 加速器的硬件平台，如 GPU 和 TPU。这些 AI 加速器不仅具有更高的并行计算能力，还支持各种深

度学习框架和学习库，使得模型训练和推理的速度大大提升。

在存储方面，AI 工作负载通常需要处理大量的非结构化数据，如图像、音频和视频等。这对存储系统的读写速度和数据吞吐量提出了更高的要求。为了解决这一问题，机房需要部署高性能的存储解决方案，如nvme ssd 和分布式文件系统。这些存储解决方案不仅提供了更快的数据访问速度，还支持数据的高效管理和备份。

网络延迟是 AI 工作负载性能优化中另一个需要关注的重要因素。尤其是在进行大规模分布式计算时，低延迟的网络连接成为提高整体性能的关键。因此，机房需要部署高速、低延迟的网络硬件和协议，如 100千兆以太网（Giga Bit Ethernet，GBT）、无限带宽技术（InfiniBand）。同时，通过 SDN 技术，机房还可以实现网络资源的动态分配和优化。

除了硬件优化，软件环境也是 AI 工作负载性能提升的关键。机房需要提供支持多种深度学习框架和库的软件平台，以便研究人员和学生可以根据自己的需求选择合适的工具和环境。通过容器化和虚拟化技术，机房还可以实现资源的灵活分配和隔离，从而提供更稳定、更高效的运行环境。

为了满足 AI 工作负载的特殊需求，高校计算机机房需要在硬件配置、存储系统、网络环境和软件平台等多个方面进行全面优化。这不仅能提高 AI 应用的运行性能，还能为学术研究和实际应用提供更强大、更灵活的支持。随着 AI 技术的进一步发展，机房为 AI 工作负载提供的优化策略也将不断更新和完善，以适应不断变化的技术需求和挑战。

四、AI 驱动的自动化机房运维趋势

随着 AI 技术的快速发展，计算机机房运维也在迎来一场革命。特别是在高校环境中，大规模的计算需求和复杂的运维任务使得自动化和智能化成为解决问题的关键。AI 驱动的自动化机房运维正在逐渐成为一种

必然的趋势。

　　AI 技术在自动化机房运维中的应用范围非常广泛。故障预测是其中一个重要的应用场景。通过收集并分析大量的系统日志和性能指标，机器学习算法可以准确地预测硬件或软件可能出现的问题，甚至在问题发生之前自动进行修复或优化，从而极大地提高了系统的可靠性和稳定性。

　　资源调度也是 AI 在机房运维中的一个重要应用。在传统的机房运维中，资源调度通常是一项非常复杂和耗时的任务，需要运维人员根据经验和规则进行手动操作。但在 AI 驱动的自动化机房运维中，通过使用先进的优化算法和仿真技术，系统可以实时地分析当前的资源使用情况，并根据预定义的策略和目标自动进行资源分配和调度。

　　数据安全和合规性是机房运维中另一个重要的方面。在这里，AI 也发挥着越来越重要的作用。通过使用自然语言处理和图像识别等技术，AI 可以自动分析和监控机房中的各种安全风险和合规问题。例如，AI 可以实时监测系统中的不正常访问和数据泄露，并在发现问题时自动触发相应的安全措施或警报。

　　除了以上几个方面，AI 还在网络管理、能源优化和备份恢复等多个领域中发挥着重要作用。通过使用深度学习和强化学习等先进技术，AI 不仅可以自动地诊断和解决各种复杂的网络问题，还可以通过智能分析和控制技术，有效地降低机房的能耗和碳排放。

　　AI 驱动的自动化机房运维已经不再是一个遥远的未来，而是越来越多高校计算机机房的现实选择。通过引入 AI 技术，机房不仅可以大大提高运维效率和系统稳定性，还可以在数据安全、资源优化和环境保护等多个方面实现全面的提升。而随着 AI 技术的进一步发展和应用，未来的计算机机房将更加智能，更加自动化，更加高效和可靠。

第四节 计算机机房的未来展望

本节则将从更宏观的角度，对计算机机房的未来进行展望，涉及节能与环保的机房设计、向无人机房发展的趋势、边缘计算与机房的整合，以及机房在未来数字化世界中的角色与地位等方面。

一、节能与环保的机房设计

节能与环保在当今社会中成为日益重要的议题，这一趋势在高校计算机机房的设计和管理中同样得到了体现。通过在设计阶段就纳入环保和节能因素，不仅能减少机房的运营成本，还能最大化地减少对环境的影响。

在机房设计的方方面面，都能看出节能与环保的影子。比如，在地理位置的选择上，通过精心规划，机房可以建在自然环境条件有利于散热和节能的地方；在建材选择上，应使用环保、持久和高效的材料，这样不仅能降低能耗，还能减少维护成本。

空调和散热系统是机房能耗的主要部分。通过使用高效的空调系统和散热技术，比如液冷或相变材料冷却，能显著减少机房的能耗。这些先进的散热技术通过精确的调控温度和湿度，不仅能提高设备的可靠性和稳定性，还能大大降低电费。

在电源管理方面，采用高效的不间断电源和电池备份系统也是节能的关键。与传统的电源设备相比，这些高效的系统能在电力中断时提供更长时间的电量支持，也有助于减少电能的浪费。

除了硬件方面的改进，软件也是节能和环保工作的重要组成部分。通过使用先进的监控和管理软件，可以实时监控机房的各种性能指标，包括温度、湿度、电流和电压等。一旦发现异常情况，这些软件能自动触发相应的调整或警报，从而避免能量浪费。

人为因素也不容忽视。教育和培训是确保机房节能和环保运营的重要手段。只有当所有运维人员都了解和掌握了节能和环保的基本知识和技能，才能真正实现机房的绿色运营。

节能与环保的机房设计不是一项单一的任务，而是一个涉及多个方面和层次的复杂工程。通过在设计、建设和运营的每一个环节都注入节能和环保的理念，高校计算机机房不仅能达到经济效益的最大化，还能在环境保护方面做出积极的贡献。随着技术的不断进步和社会责任感的增强，未来的机房将更加注重节能和环保，采用更加智能化和可持续的建设方式，以实现机房与自然环境的和谐共存。

二、向无人机房发展的趋势

无人机房是高校计算机机房发展的必然趋势，其背后涵盖了一系列先进技术和管理模式的应用。这种趋势对于降低成本、提高效率和确保安全性具有明显的优势。

自动化是实现无人机房运行的关键。而在自动化实施方面，具有高度智能的软硬件系统占据了核心地位。这些系统可以实时监控硬件的运行状态，比如温度、湿度、电流和电压，并能自动调整设备的运行模式，以确保其处于最佳状态。这不仅有助于提高设备寿命，而且能大幅度降低人力成本，因为大多数维护工作都可以通过远程控制来完成。

安全性也是无人机房具有吸引力的一大因素。通过利用先进的身份验证和授权技术，可以确保只有得到授权的人员才能访问机房的关键部分。与此同时，物理安全也得到了增强，通过视频监控和自动报警系统，任何不寻常的活动都会立即被检测到，并采取相应的安全措施。

在无人机房中，故障应对和灾难恢复也变得更为高效和迅速。由于系统能自动检测到潜在的故障并立即触发备份程序，因此，即使在没有人工干预的情况下，也能最大限度地减少数据丢失和系统停机时间。

能效也是无人机房的一个明显优点。通过使用高效的散热和电源管理系统，能源消耗得到了大幅度的降低。这不仅有助于减少运营成本，还有助于减少机房对环境的影响。

无人机房并不意味着完全没有人工干预，而是通过技术手段将人工干预减少到最低程度，从而释放出人力资源，以便将其用于更具创造性和高级别的任务。例如，机房的管理人员可以更多地关注系统优化和长期规划，而不是纠缠于日常的维护和监控工作。

三、边缘计算与机房的整合

边缘计算与机房的整合是高校计算机机房面临的一个重要课题，也是一个充满挑战和机会的领域。在数据量呈现爆炸性增长的当下，边缘计算提供了一种能够快速处理和分析数据的机制，且不必将所有数据传输到中心服务器或云端进行处理。这样不仅可以显著减少数据传输所需的时间和带宽，还有助于提高数据处理的实时性和可靠性。

高校计算机机房作为信息技术基础设施的重要组成部分，有必要与边缘计算进行紧密的整合。这一整合主要体现在硬件、软件和网络架构的多个方面。从硬件角度来看，边缘计算服务器与传统的数据中心服务器在功能上有所不同，但它们可以在物理层面上共存，甚至可以通过SDN和其他先进的网络技术进行虚拟化管理。

软件层面的整合是实现边缘计算与机房整合的关键。现代的计算机机房管理软件需要具备对边缘计算节点的全面支持，包括数据收集、数据分析、故障检测和系统优化等方面。这样，无论数据是在中心服务器还是在边缘节点上生成或处理，都能得到高效、准确和及时的管理。

网络架构也是整合中不可或缺的一个环节。传统的机房网络架构往往是以中心服务器为核心，但在边缘计算的场景下，网络需要能够灵活地适应分布式的数据处理需求。因此，网络设备和协议也需要进行相应的升级和优化，以确保数据在中心和边缘之间能够高效、安全地流动。

实际操作中，整合的步骤和流程也是一个需要仔细规划和执行的任务。一方面，需要对现有的机房硬件、软件和网络进行全面的审查和评估，以确定需要升级或更换的部分；另一方面，还需要进行全面的培训和教育，以确保管理人员和用户都能熟练地应对新的技术和工作模式。

四、机房在未来数字化世界中的角色与地位

在未来数字化世界中，高校计算机机房将不仅仅是一个硬件资源集中的场所，还是一个综合性的信息处理和数据服务中心，它将成为教育、科研、社会服务等多个方面不可或缺的支撑。不同于过去侧重于硬件维护和基础服务提供的角色，未来的机房将更加强调软硬件的融合、本地与云端的整合，以及与人工智能、大数据、边缘计算等先进技术的深度合作。

传统意义上，计算机机房主要承担着计算资源的供应任务，但在数字化日益普及的背景下，这一角色已经远远不能满足现实需求。新一代的机房将更加注重数据的价值挖掘和智能处理，例如通过深度学习算法对海量数据进行分析，以支持复杂的科研实验；通过实时数据流处理技术，为校园安全、教学质量等方面提供及时、准确的决策支持。

另一个值得关注的变化是，随着云计算和边缘计算的广泛应用，未来的计算机机房将不再是数据处理的唯一场所。通过与云端资源的无缝连接，机房能够在需要的时候快速扩展计算和存储能力，而无须进行大规模的硬件投资和维护。这不仅大大提高了机房运营的灵活性和效率，还有助于将高质量的教育和研究资源更广泛地传播到社会各个角落。

与此同时，人工智能、物联网、区块链等新技术也将在未来的机房

中发挥越来越重要的作用。通过智能传感器和自动化控制系统，机房能够实现更为精细和高效的能源管理，从而降低运营成本并减少环境影响。通过区块链技术，可以构建一个安全、透明、可信的数据交换和合作平台，以支持跨机构、跨地域的科研合作和成果共享。

综合考虑，未来数字化世界中的高校计算机机房将是一个高度开放、高度连接、高度智能的系统，它将不仅仅服务于高校内部的教学和科研活动，也将与社会、产业、政府等多个方面形成紧密的合作和互动。通过持续的技术创新和模式探索，高校计算机机房有望成为推动整个社会向更加智能、更加可持续方向发展的重要力量。因此，对于高校来说，加强计算机机房的建设和改造，不仅是提高自身教育和科研水平的需要，也是履行社会责任和推动全面数字化转型的重要手段。

参考文献

[1] 周学仁，刘世越．高校计算机机房建设与管理及技术标准实务全书：第 2 卷 [M]．北京：高等教育出版社，2010.

[2] 张凤祥．全国计算机新科技与计算机教育论文集：第 13 卷（下集）[M]．成都：西南交通大学出版社，2005.

[3] 方刚，于晓宝．计算机机房管理 [M]．北京：清华大学出版社，2001.

[4] 叶佩生．计算机机房环境技术 [M]．北京：人民邮电出版社，1999.

[5] 董毅．计算机机房配电与安装 [M]．重庆：重庆大学出版社，2010.

[6] 关中．计算机机房的建设与管理 [M]．西安：陕西科学技术出版社，1993.

[7] 常秀增，沈晓华，沈四川．计算机机房建设 [M]．北京：水利电力出版社，1990.

[8] 何云锋．计算机机房的设置与维护 [M]．北京：京华出版社，1997.

[9] 何守才．计算机机房工作实用大全 [M]．北京：清华大学出版社，1997.

[10] 李永年．计算机机房的设置与维护 [M]．北京：京华出版社，1997.

[11] 方程．计算机维修与机房维护 [M]．北京：中国商业出版社，1996.

[12] 佟国祥．高校计算机机房主流云桌面技术对比分析 [J]．辽宁师专学报（自然科学版），2023，25（1）：64-68.

[13] 韩鹏，王军红，王金炜．基于云桌面技术的高校计算机机房建设与管理研究 [J]．电子测试，2022，36（23）：70-72，76.

[14] 黄纪烨. 高校计算机机房管理中的虚拟化技术应用探究 [J]. 江西电力职业技术学院学报，2022，35（7）：79-81.

[15] 冯玉丽. 高校计算机机房中云端软件平台的运用研究 [J]. 电子测试，2022，36（14）：74-76.

[16] 吴健，尹婷. 高校计算机机房管理策略研究 [J]. 信息系统工程，2022（7）：68-71.

[17] 曾玮，饶坚，宋兆东. 高校计算机机房数据备份及容灾方案研究 [J]. 实验室科学，2022，25（3）：80-89.

[18] 沈燕美. 基于低碳环境下高校计算机机房管理与维护的探讨 [J]. 电子元器件与信息技术，2022，6（4）：206-209，213.

[19] 谭雄飞. 计算机机房分布式管理系统设计及应用 [J]. 软件，2022，43（2）：136-138.

[20] 胡彦博. 高校计算机机房优化管理策略探究 [J]. 新型工业化，2021，11（11）：103-104，109.

[21] 闫理嘉. 高校计算机机房管理维护中的问题与对策 [J]. 计算机与网络，2021，47（13）：35.

[22] 甘红桥. 基于云桌面的高校计算机机房管理模式研究 [J]. 科技风，2021（19）：84-85.

[23] 黄思延. 浅谈云桌面技术在高校计算机机房管理中的应用与思考 [J]. 内江科技，2021，42（2）：13-14，112.

[24] 李玲. 基于 ownCloud 搭建高校计算机机房教学文件云存储 [J]. 电脑与电信，2021（Z1）：30-33.

[25] 崔鹏. 云端软件平台在计算机高校机房的运用研究 [J]. 新型工业化，2021，11（1）：29-30，33.

[26] 刘全，黄维平. 基于云桌面的高校计算机机房建设模式研究 [J]. 中国地质教育，2020，29（4）：11-15.

[27] 高迪. 高校计算机机房网络安全管理策略分析 [J]. 信息与电脑（理论

版），2020，32（24）：176–178.

[28] 葛丹. 探讨低碳环境下的高校计算机机房管理与维护 [J]. 电子世界，2020（21）：199–200.

[29] 李欣，汪飞，夏玉荣. 高校计算机机房管理与维护探讨 [J]. 信息记录材料，2020，21（11）：195–196.

[30] 沈险峰. 探析高校计算机机房管理中问题与改进策略 [J]. 计算机产品与流通，2020（10）：146–147.

[31] 张扬，左经文，张琪. 高校计算机机房网络安全管理策略分析 [J]. 信息与电脑（理论版），2020，32（16）：181–183.

[32] 刘举. 高校计算机机房管理优化策略分析 [J]. 发明与创新（职业教育），2020（8）：138.

[33] 曹希波，徐建磊，潘慧. 高校计算机机房管理员工作的工作体会 [J]. 数码世界，2020（7）：257.

[34] 殷斌. 高校计算机机房教学管理模式的现代化 [J]. 数码世界，2020（6）：227.

[35] 陈金木. 浅谈高校计算机机房布线的几个问题 [J]. 计算机产品与流通，2020（7）：279.

[36] 袁烨. 谈高校计算机机房的日常维护与管理 [J]. 计算机产品与流通，2020（8）：146.

[37] 王鑫雨. 高校计算机机房管理的维护和探索 [J]. 电脑知识与技术，2020，16（7）：274–276.

[38] 赵健，李月振. 浅谈高校计算机机房的建设和管理 [J]. 南方农机，2020，51（1）：226.

[39] 丛苗. 高校计算机机房的高效管理分析 [J]. 才智，2019（35）：243.

[40] 沈楠. 基于云桌面的高校计算机机房建设模式研究 [J]. 淮北师范大学学报（自然科学版），2019，40（4）：67–71.

[41] 阮石磊. 高校计算机机房维护探讨 [J]. 信息记录材料，2019，20（12）：

206-207.

[42] 李纯. 探究高校计算机机房的高效管理 [J]. 信息记录材料, 2019, 20 (11): 220-221.

[43] 葛丹. 探讨高校计算机机房软硬件的管理与维护 [J]. 数字通信世界, 2019 (11): 237, 245.

[44] 张波, 徐玥, 邢艳芳. 浅析云桌面技术在高校计算机机房中的应用 [J]. 通讯世界, 2019, 26 (10): 191-192.

[45] 李力. 基于虚拟技术的高校计算机机房建设与设计 [J]. 中国新通信, 2019, 21 (20): 36.

[46] 王俊. 技术维护视角下的高校计算机机房管理 [J]. 电子技术与软件工程, 2019 (18): 137-138.

[47] 李东宾. 简析虚拟云桌面系统在高校计算机机房的应用路径 [J]. 数码世界, 2019 (9): 141.

[48] 陈志君, 戴林妹. 对低碳环境下高校计算机机房管理与维护的探讨 [J]. 计算机产品与流通, 2019 (8): 280.

[49] 刘玉斌. 高校计算机机房管理的维护和探索 [J]. 计算机产品与流通, 2019 (8): 281.

[50] 雷勇, 张敏. 高校计算机机房电能监控与节能研究 [J]. 企业科技与发展, 2019 (8): 153-154.

[51] 谷峰. 高校计算机机房教学管理模式的现代化 [J]. 散文百家 (新语文活页), 2019 (7): 173.

[52] 雷雪鹏, 兰超, 仲明瑶. 高校计算机机房系统部署策略 [J]. 天工, 2019 (6): 18.

[53] 杨冲. 新时期高校计算机机房管理与维护探讨 [J]. 数码世界, 2019 (4): 100.

[54] 程昊. 高校计算机机房管理与维护策略探析 [J]. 科技风, 2019 (11): 46.

[55] 于跃. 虚拟技术在高校计算机机房实验室中的应用分析 [J]. 现代信息

科技，2019，3（3）：78-80.

[56] 朱斌勇. 高校计算机机房管理与维护探讨 [J]. 考试周刊，2019（10）：140，146.

[57] 吴发辉，张玲. 高校计算机机房管理改革的思考 [J]. 吉林广播电视大学学报，2018（11）：105-106.

[58] 尹倩，解小华. 高校计算机机房管理的维护及探索 [J]. 南方农机，2018，49（19）：145.

[59] 彭石燕. 低碳环境下高校计算机机房管理与维护的研究 [J]. 当代旅游（高尔夫旅行），2018（10）：115.

[60] 贾林. 探讨高校计算机机房的管理与维护 [J]. 电脑知识与技术，2018，14（27）：249-250，260.

[61] 程昊. 高校计算机机房无盘工作站的管理与维护 [J]. 数码世界，2018（9）：187.

[62] 刘绪军. 高校计算机机房管理的维护和探索 [J]. 教育现代化，2018，5（34）：65-66.

[63] 孔艳莉. 探究高校计算机机房的建设与管理 [J]. 智库时代，2018（34）：72-73.

[64] 白东升. 高校计算机机房实验室中虚拟技术的应用 [J]. 数码世界，2018（7）：95.

[65] 孙腾月. 浅谈高校计算机机房管理中的问题及解决策略 [J]. 辽宁师专学报（自然科学版），2018，20（2）：33-35.

[66] 方欲晓. 新时期高校计算机机房管理与维护探讨 [J]. 教育现代化，2018，5（25）：252-253.

[67] 曾光. 高校计算机机房信息化管理实践分析 [J]. 无线互联科技，2018，15（11）：88-89.

[68] 李延香. 高校计算机机房常见故障分析及管理 [J]. 信息与电脑（理论版），2018（7）：1-2，5.